产品首版制作

主　编　葛　庆　王丽霞
副主编　周　楠　李杨青　钱慧娜

ZHEJIANG UNIVERSITY PRESS
浙江大学出版社

图书在版编目(CIP)数据

产品首版制作 / 葛庆,王丽霞主编. —杭州：浙江
大学出版社，2017.2
 ISBN 978-7-308-16537-2

 Ⅰ. ①产… Ⅱ. ①葛… ②王… Ⅲ. ①产品—设计
Ⅳ. ①TB472

中国版本图书馆 CIP 数据核字（2016）第 325044 号

产品首版制作

主　编　葛　庆　王丽霞
副主编　周　楠　李杨青　钱慧娜

责任编辑	吴昌雷
责任校对	刘　郡　潘晶晶
封面设计	杭州林智广告有限公司
出版发行	浙江大学出版社
	（杭州市天目山路 148 号　邮政编码 310007）
	（网址：http://www.zjupress.com）
排　版	杭州林智广告有限公司
印　刷	富阳市育才印刷有限公司
开　本	787mm×1092mm　1/16
印　张	6.5
字　数	159 千
版 印 次	2017 年 2 月第 1 版　2017 年 2 月第 1 次印刷
书　号	ISBN 978-7-308-16537-2
定　价	25.00 元

浙江大学出版社发行中心联系方式：(0571) 88925591；http://zjdxcbs.tmall.com

目 录
CONTENTS

第一章 概 论

一、概念

产品设计活动中最核心的问题在于解决产品与人、产品与环境、产品与文化、产品与经济效益等诸多系统的关系,得到实用、经济、美观、安全、舒适、环保的新产品。其中,美观、安全、舒适的要素属于感性分析要素,需要通过实体的感受才能进行评判,进而修改完善设计方案。而产品首版制作就是以此为目的展开的工作过程。首版,俗称手板,即样件。产品首版制作通俗理解就是生产制作产品的样件。这是产品设计流程的重要环节。如图1.1所示,在产品设计后期流程中,用于验证产品设计方案的外观结构设计,同时为产品大批量生产开模具、注塑等提供生产数据。

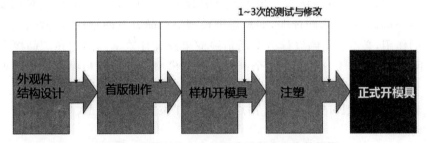

图1.1 首版制作在产品设计后期流程中的位置

随着中国制造走向中国创造,越来越多的国外大牌企业产品设计研发基地进入中国,国内企业的产品设计研发实力也大幅提高,国内专业首版制作公司也随之逐步增加与壮大。熟悉首版制作材料、工艺、方法、技术等的人才岗位需求不断增加。目前已经大规模地渗透航空航天、汽车、电器、家具等工业产品研发领域。

学习首版制作,从个人的专业学习而言,能够帮助我们熟悉了解产品结构,学会如何将产品设计从二维图纸转变为三维实物。从个人的职业发展而言,能够满足专业首版制作公司对于人才的渴求,填补工业设计首版制作人才需求的空缺。从行业发展而言,能够提高整个首版制作行业的专业水平,使我国的产品设计研发水平跻身世界前列。

二、产品首版制作的意义

1. 检验产品的外观设计

因为,产品首版不仅是可视的,而且是可触摸的,它可以很直观地以实物形式把设计师的创意反映出来,避免了"画出来好看而做出来不好看"的弊端。

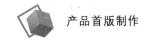

2. 检验产品的结构设计

因为产品首版是由产品各个部件制作完成后装配而成的,所以它可以很直观地反映出产品结构合理与否,以及安装的难易程度如何,帮助设计师及早发现产品结构设计中存在的问题。

3. 避免了直接开模具的风险性

因为模具制造费用很高,比较大的模具价值数十万乃至几百万,如果在开发模具的过程中发现结构不合理或其他问题,损失可想而知。而在开模具前进行首版制作,则能避免这种损失,减少开模风险。

4. 可以使产品面市时间大大提前

很多企业为了缩短研发周期,加快上市步伐,在正式产品生产的同步,会利用产品首版样机来参加产品展示会,或进行各种产品宣传,甚至前期的预销售。

三、产品首版制作的分类概述

产品首版制作一般分为三大类:手工首版制作、CAD/CAM 首版制作和快速成型首版制作。

1. 手工首版制作

很多工业设计师和教师认为传统手工首版制作已没有多少实际意义,对创意草模制作更是不屑一顾。然而,实践证明,如果忽视模型对产品方案的理性与感性、视觉与触觉矛盾调和的作用,必然会影响设计方案的最终效果及设计效率。因此在产品概念研发设计阶段,手工首版制作十分必要。一个制作精良的模型为设计者和项目评价者提供了最好的评价依据。

手工首版制作一般可分为三种:创意模型、工作模型、样机模型。

(1) 创意模型

创意模型是产品创意的雏形,侧重于整体形态和体量关系,对细节不做过多纠缠,边想边做,以最快的方式将想法表达出来,并且易于修改。创意模型阶段是最方便快捷且效果最佳的模型制作,是设计中很重要的阶段。它能够帮助设计师充分思考,将设计思想落实到形体上。一般直接用泡沫、石膏等材料完成。

(2) 工作模型

工作模型是着重展示产品功能设计的实物。设计活动中大量工作通过视图反应在二维图纸上,但结构与功能、功能与形态,以及功能细部处理是否合理,则需要工作模型来进行校验。一般用 ABS、油泥等材料完成。

(3) 样机模型

样机模型是产品设计的最后阶段,完整演示产品外观、结构和功能的模型。不但要有真实的外观效果,还要能够体现产品的使用功能。在家用电器和交通工具等体量感较大的产品设计中,一般需要制作1:1的大尺寸样机模型,常用 ABS、油泥等材料完成。

2. CAD/CAM 首版制作

(1) CNC 加工

CNC 加工,即数控铣削加工。所用刀具与普通机械加工没有区别。不同之处在于其铣削的材料主要为 ABS、PC、PMMA 等塑料。三维数据经过数控加工软件编程,输出到 CNC 机床即可加工出我们所需要的半成品。半成品经过抛光、喷漆、电镀等工艺完成最终样品。CNC 加工是外观功能展示及验证的最佳途径,可与正式产品相媲美,如图 1.2 所示。

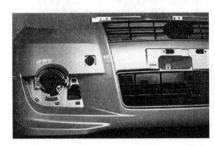

图 1.2　CNC 加工的产品首版

(2) 真空注型

真空注型,又名真空复模。即在真空条件下对浇注料进行脱泡、搅拌、预热、注型,并在 60～80℃的恒温箱中进行 2～3 小时的二次固化成型的过程。适用于产品开发过程中小批量的结构较为复杂、壁厚均匀、满足一定功能要求的试制样件。主要分为硅胶模首版制作和树脂模首版制作,如图 1.3 所示。

(a) 硅胶模手板制品

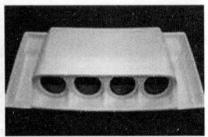

(b) 树脂模手板制品

图 1.3　真空注型首版制作

(3) 低压灌注

低压灌注,又名低压反应注射成型(Reaction Injection Moulding,RIM)。它是应用于快速模制品生产的一项新工艺,将双组份聚氨酯材料经混合后,在常温、低压环境下注入快速模具内,通过材料的聚合、交联、固化等化学和物理过程形成制品。具有效率高、生产周期短、过程简单、成本低的优点。适用于小批量结构较简单的覆盖件、大型厚壁及不均匀壁厚制品的试制生产。图 1.4 是 ABS 模具和铝合金模具所制成品。

后保险杠-ABS模具　　　　　　　标徽装饰条-铝合金模具

图 1.4　低压灌注首版制作

3. 快速成型首版制作

快速成型技术，又称快速原型制造（Rapid Prototyping Manufacturing，简称 RP）技术，诞生于 20 世纪 80 年代后期，是基于材料堆积法的一种高新制造技术，被认为是近 20 年来制造领域的一个重大成果。它集机械工程、CAD、逆向工程技术、分层制造技术、数控技术、材料科学、激光技术于一身，可以自动、直接、快速、精确地将设计思想转变为具有一定功能的原型或直接制造零件，从而为零件原型制作、新设计思想的校验等提供一种高效低成本的实现手段。

以上三种产品首版制作的使用材料、工艺步骤等内容将在后面的章节中具体展开。

第二章　手工首版制作

第一节　ABS 手工模型制作

一、ABS 材料简介

ABS 树脂是一种共混物,英文名 Acrylonitrile-butadiene-styrene（简称 ABS）,中文名丙烯腈-丁二烯-苯乙烯共聚物,这三者的一般比例为 20：30：50（熔点为 175℃）。ABS 具有极佳的抗冲击性、耐热性、耐低温性、耐化学药品性,并且还有易加工、制品尺寸稳定、表面光泽性好等特点,容易涂装、着色,还可以进行表面喷镀金属、电镀、焊接、热压和粘接等二次加工。因此,ABS 广泛应用于机械、汽车、电子电器、仪器仪表、纺织和建筑等工业领域,是一种用途极广的热塑性工程塑料。在首版制作中,最常用的是 1～2mm 的薄型 ABS 板材,如图 2.1所示。

图 2.1　ABS 薄型板材

二、ABS 手工模型的主要制作种类

1. ABS 快速模型制作

使用 ABS 薄型板材,可进行快速手工模型制作。该类模型能够快速实现真实产品的体量、尺度或操作的动作空间和范围,主要用于产品设计流程前期创意模型制作阶段,制作产品概念快速模型。它是手工首版制作中一个较简便的常用方法。

（1）制作工艺

ABS 快速模型制作主要采用粘制工艺。粘制工艺是一种在不使用任何塑具的条件下完成其造型的制作工艺,是把加工好的零部件半成品按既定位置粘接起来,并保证具有一定牢度的方法。其特点是不受加工设备条件的制约,以手工加工为主,工具简单,适合制作以平板拼制为主的模型。粘制对象的尺寸、角度、弧度的准确性、合理性,以及粘制的牢度等,将直接影响到模型的设计效果。

粘制用的材料与工具有各种溶剂、医用注射器、毛笔、方铁等。粘制操作时,先用毛笔在被黏面上刷涂溶剂或胶,然后将两被黏面黏合,或者将两待粘的被黏面先拼合在一起,再用注射器吸取溶剂,然后慢慢注入拼合的缝隙中,被黏面溶蚀后相互粘接。刷涂溶剂或注入溶剂时,溶剂量不要太多,以免溶剂溢出弄到不粘接面上,产生溶蚀而失去表面光洁。

通过粘制可以掌握正确的画线、下料、锉削和拼粘方法,并对制作模型用的各种材料的性能有一个直观的感性认识,提高正确运用模型材料的能力。

(2)制作步骤

ABS手工快速模型的制作步骤包括:

①下料。按照图样尺寸,分析所需模型部件形状,在板料上用勾刀划线,直线的下料是利用钢直尺和钩刀沿线压尺勾画,勾画数遍后,即可折,如图2.2所示。曲线的下料则是利用曲线锯沿线进行锯切。

②粗修料。用砂带机和锉刀等打磨工具,将所下料块的毛边修整,以达到尺寸的要求,如图2.3所示。

图2.2 下料

图2.3 粗修料

③精修料。在粘制之前,可先用胶带将板料固定,再进一步修料(图2.4),以达到能够精确粘制的程度。

④粘制。将修整后的料块拼合固定后,用注射器将粘接溶剂(三氯甲烷)注入拼合缝隙中(图2.5),稍等片刻即可黏合。或者用毛笔在被黏面上刷涂溶剂或胶,然后将两被黏面黏合。

图2.4 精修料

图2.5 粘制

⑤精修磨。粘制后,对表面的痕迹、缺陷进行打磨修整,可用ABS专用填缝剂进行修补(图2.6),以达到所要求的表面精度和尺寸。

⑥喷漆。根据设计效果图的要求,进行表面喷漆绘制处理。如图 2.7 所示均匀喷涂时罐体与被涂面保持大约 20cm 左右距离,如图 2.8(a)所示为正确喷涂角度,如图2.8(b)所示为错误喷涂角度。另外,喷漆时应先打底漆,金属一般用防锈底漆,木质、塑料等用白色做底漆,目的是将面漆喷在白色的底面上,使颜色更加纯正。然后喷面漆,一般喷二层可完全覆盖,一层干的时间为 5～15min,全干的时间为半天。

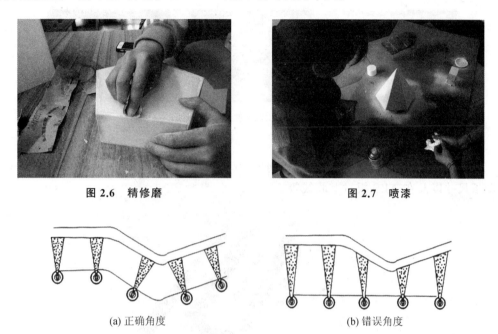

图 2.6　精修磨　　　　　　　　　　　　　　　图 2.7　喷漆

(a) 正确角度　　　　　　　　　　　　　　　(b) 错误角度

图 2.8　喷漆角度

根据以上步骤,完成最终的灯具模型制作,如图 2.9 所示。同法,制作完成叉车手工模型制作中前叉和门架的快速模型制作,如图 2.10 所示。

图 2.9　灯具快速首版模型

图 2.10　叉车手工模型中前叉和门架的制作

（3）工具材料

①测量工具，主要包括钢直尺、直角钢尺、圆规、游标卡尺等，如图 2.11 所示。用于量取图纸尺寸以及在 ABS 板材上画线等。

图 2.11　测量工具

②切割工具，主要包括曲线锯和电锯、勾刀，如图 2.12 所示。用于 ABS 板材的切割下料。

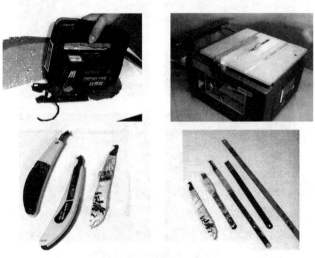

图 2.12　切割工具

③打磨工具,主要包括各种砂轮机、砂带机、砂纸、打磨棒和抛光蜡等,如图 2.13 所示。主要用于修正下料的边缘光滑平整度。

图 2.13　砂轮机、砂带机、砂纸、打磨棒,抛光蜡

④粘制工具,主要包括丙酮或二甲苯等 ABS 专用胶水,如图 2.14 所示。

图 2.14　ABS 专用胶水

⑤修补工具,主要包括 ABS 专用填缝剂、原子灰等材料,如图 2.15 所示。

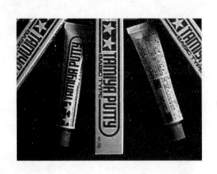

图 2.15　ABS 专用填缝剂、原子灰

2. ABS 曲面手工首版制作

ABS 曲面手工首版制作,是在快速首版制作的基础上增加了翻制阴阳模,制作产品模型曲面的步骤。它能使制作的模型形态更加丰富和美观,使设计师在真正现实空间中感受与理解曲线、曲面和造型。

（1）制作工具与材料

除了与 ABS 快速首版制作相同的工具和材料部分,另外还需要的材料包括翻模所需的石膏粉、木板、有机玻璃,所需工具还包括烘烤箱、隔热手套等。

（2）制作步骤

下面以汽车 ABS 首版制作来展示带曲面 ABS 板材模型制作过程。图 2.16 至图 2.22 为制作步骤。

①准备工作。在制作之前,需完成模型的尺寸三视图,如图 2.16 所示。

图 2.16 汽车模型尺寸三视图

②制阴阳模。需制作一个凸模和一个凹模,用于 ABS 板的曲面压制。模具材料可使用石膏或者密度板。如图 2.17 所示为制作完成的石膏阴阳模,用于压制汽车模型曲面。

图 2.17 翻制阴阳模

③修模。将翻制完成的石膏阴阳模,进行打磨修正,如图 2.18 所示。去除毛边和表面不平整,如有凹坑,可用未凝固的石膏进行修补。待冷却凝固后继续打磨修整。

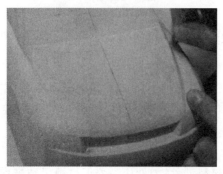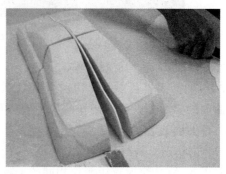

图 2.18 修模

④压制。对 ABS 塑料板进行热变形处理。在温度为 93～118℃的烤箱中烘烤 ABS 塑料板,待其变软后取出,进行曲面压制,如图 2.19 所示。一些局部的车体曲面需要单独通过做出石膏阴阳模来制作。

图 2.19　压模

⑤粘制。对压制好的板材进行基本结构架设,使用 ABS 专用胶水进行部件粘贴,如图 2.20 所示。

图 2.20　粘制

⑥打磨与表面处理。使用砂纸、打磨棒等工具对边缘毛刺进行打磨,如图 2.21 所示。然后进行喷漆。

图 2.21　打磨与表面处理

⑦安装电气件和内饰。接上前灯、尾灯、转向灯的电路,用海绵、泡沫板等做汽车座椅等内饰(图 2.22),完成整体的装配。

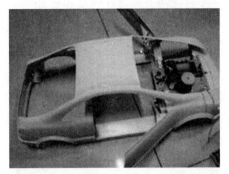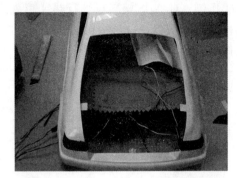

图 2.22 安装电气件和内饰

最终完成效果如图 2.23 所示。

图 2.23 车体模型最终效果

第二节 油泥模型制作准备

一、油泥模型简介

油泥模型在工业设计活动中具有极为重要的作用,一个制作精良的油泥模型为设计者和项目评价者提供了最好的评价依据。油泥模型最适合使用在产品创意模型阶段,它是使设计师能够充分思考而将设计思想落实到形体上的工作过程,是最方便、快捷且效果最佳的模型制作方法之一。另外,在工作模型和样机模型的制作过程中,往往需要大尺寸模型,使设计师能真实体会到产品的尺度感,因此在家用电器和交通工具等体量感较大的产品设计中,油泥模型是不二之择,其制作技术更是值得深入研究,以保证油泥模型最终的制作效果。

二、油泥材料

1. 物理特性

油泥,顾名思义,就是含有油脂的泥土。但是不能简单理解为就是我们经常见的那种泥土(黏土)中添加油脂,它是由多种物质按一定比例调配而成的化学合成物,主要成分有滑石粉 62%，凡士林 30%，工业用蜡 8%。

由于油泥中所包含物质成分的特性，使其具有不同的物理特性，其中最大的特点就是冷硬热软。常温下油泥有一定的硬度，将油泥加热至一定温度即可变软。变软后的油泥容易填敷，很方便进行大型的塑造，同时能很快恢复常温。变硬后的油泥切削性好，能用专门的油泥工具任意切削，制成各种曲面模型。做好的模型在适合的温度条件下，能永久不变形地被保存。而且使用过的油泥还可收集起来反复使用。

2. 种类

根据产品模型制作特别需要，可选用各种颜色、性能各异的油泥品种。一般常用的油泥材料主要有以下几种：

（1）工业油泥

工业油泥是一种特殊的化学黏土，其化学性质稳定，对温度的适应性较广，几乎不会因为温度的细微变化而引起模型的膨胀、收缩。在室内温度保持 20～25℃ 的情况下，可以保持适当的硬度和稳定形态。主要应用于汽车、摩托车、家电等产品的模型制作。

很多国家和地区都有自主开发的工业油泥，我国也有自己生产的油泥，主要在一些院校教学中使用。由于其质量与进口的相差较大，在企业中使用较少。目前国内企业使用的主要是从日本和德国进口的油泥。其中，使用较广泛的是日本生产的 J525 油泥（图 2.24），一般一根重量为 1kg。而德国油泥使用得较少，两者在成分和软化温度等方面上稍有差别。

油泥在温度达到 45℃ 左右时开始软化，达到 75℃ 时就会液化，所以一般将软化温度设定在55～60℃比较合适。

（2）精雕油泥

精雕油泥也是手板模型泥的一种，价格比较便宜，如图 2.25 所示。现今有一些工业模型用油泥都是用它来代替。其特性是在常温下质地坚硬细致，可精雕细琢。适合一些精品原型、手板模型、工业设计模型制作。但是要注意，它较工业油泥而言，对温度更加敏感。微温即可软化塑形或修补，塑形简便，但软硬变化快，制作大型曲面时不易把握。对一些工业模型来说，制作比较麻烦，对温度的要求较高，主要用于动漫手板模型等小型模型的制作。

图 2.24　油泥模型常用的油泥

图 2.25　精雕油泥

（3）其他油泥

除了上述的产品之外，还有一些应用范围特殊的油泥。如 Super Sculpey 超级黏土油泥，如图 2.26 所示。它是一种手板模型泥，有硬度又有黏度，并且能达到均衡，这一特性使它在同类产品中具有领先地位。同时，可烧成制品，成品具有以下特性：不收缩、不变形，便于创作精巧、纤细型制品；坚固、耐久、便于长期保存；可以刮、削、贴纸、印刷等，可自由地进行再加工等。

图 2.26　黏土油泥

油泥模型大概的制作过程：首先，需要将它敷在各种材质的支架和胎基上。如果是制作 1∶1 模型，则需先打造金属或木材的支架，再填胎基，最后敷油泥。如果是 1∶5 或者更小的缩尺模型，则直接制作泡沫胎基，然后敷油泥。完成后，利用刮刀、刮片等工具可对它进行形体塑造，按一定的比例雕塑出产品外形。通常先制作 1∶5 的小油泥模型，经审定后再制作 1∶1 的大模型。按照实际尺寸制作的油泥模型，可以配上真实的零部件，以观察产品整体造型的效果。具体制作步骤将在本章第三节介绍。

三、其他材料

1. 制作支架的材料

如果是制作 1∶1 的油泥模型，则需要使用支架，如图 2.27 所示。一方面是因为油泥模型的体积大，油泥价格昂贵、质量重，全部使用油泥成本过高；另一方面，是为了方便支撑油泥和安装搬动。

制作油泥模型支架的材料有木材和金属。木材类是使用最普遍的材料，金属类相对使用较少。主要是根据不同类型的产品和制作的模型尺寸的大小，以及自己的条件进行选择。

木材，主要包括木方条和板材中的木

图 2.27　模型的支架

板、胶合板、细木工板。木方条主要是制作木框支架,用于支撑模型和安装替代件或附件。板材是作为封闭木框骨架,形成基本造型面,作为泡沫胎芯或油泥覆盖的基础。

金属,主要包括角钢、圆管、方管等。角钢主要是用于制作大型模型的主支架。圆管、方管一般是制作模型的金属外露部件。

由于汽车油泥模型支架是不外露的,因此主要是选择木材。但制作全尺寸等体量较大的模型时,一般是先用角钢制作主支架,以保证在油泥制作过程中不会发生形变,损坏。

由于摩托车的造型形态和结构的特殊性,许多车型结构暴露在外,采用金属材料制作模型支架,或用旧车架改造更方便,效果也更好,因此,使用木材的时候较少。

2. 制作胎基的芯材

油泥模型的胎基,也称为初胚。由于油泥模型塑造对象的形态变化相对比较复杂,具有许多的曲面变化,由木材直接造型比较困难。同时,油泥的价格相对昂贵,都使用油泥制作比较浪费。因此,在骨架与油泥之间还需要制作胎基,一般使用苯板或聚氨酯硬质泡沫板材来制作。泡沫材料具有材质轻、易加工成型的特点,而且泡沫和油泥粘接效果最好,使用泡沫不但可以节省油泥的用量,减轻模型重量,从而降低成本,而且可以更准确地塑造模型的基本形态。

苯板泡沫大家都非常熟悉,也就是包装常用的减震材料,主要包括聚氨酶泡沫和苯乙烯泡沫。苯板泡沫重量轻,材质松软,易于成型。这种材料到处都可以购买,价格便宜,而且有很多废旧包装材料可以利用。苯板泡沫有颗粒粗细之分,越粗越容易脱落和变形,制作时不易精细。但极其容易被立得宝、502等粘胶材料腐蚀。

专用聚氨酯硬质泡沫重量轻,颗粒很细,材质紧密,有一定强度,不易变形,抗腐蚀性好,大多数的粘胶材料都适用。用它制成的胎基轮廓清晰。但这种材料需要专门购买,成品价格比较贵。

常见的苯板泡沫和聚氨酯硬质泡沫材料如图 2.28 所示。

图 2.28　苯板泡沫和聚氨酯泡沫材料

3. 专用辅助材料

在油泥模型制作过程中和制作完成后,利用一些专用的材料来辅助制作油泥模型,以及贴在油泥模型上检查和装饰模型,将会帮助你制作得更好,使你的油泥模型效果更逼真。这些专用的材料主要分为辅助制作的胶带和用于装饰的薄膜两大类。

（1）胶带类

胶带的种类有许多,主要有构思图胶带、Union 胶带、纸胶带等(图 2.29)。这些胶带分别有不同的种类,而每个种类又有不同的型号,它们在用途上也有所不同。这里主要介绍常用的几种:

①构思图胶带:它是一种能随意地描绘曲线的柔韧胶带。因此,它可以在构思图和制作油泥的过程中使用,特别是可以帮助判断油泥表面和边缘曲线轮廓线的曲直度,也可以作装饰用途。从 400mm 宽度开始根据指定尺寸等距离逐渐减小,最小的是 3mm。胶带颜色全为黑色。

图 2.29　专用辅助材料

②Union 胶带和纸胶带:这是一种很薄,贴在模型上没有分层的感觉,而且和油泥亲和性好,撕下也不会损伤模型的胶带。它有多个品种,可依个人喜好和实际需要选择。

模型装饰专用胶带:这些胶带有很多种类、品牌、颜色和纹理,主要用于装饰模型特殊部位,与油泥的结合性好,不易脱落。带宽从最窄的 1.6mm 到最宽的 100mm,可选宽度范围大。

（2）薄膜类

薄膜类与胶带类一样也有许多的种类和型号。每种类型有各种颜色和纹理,可以根据实际情况进行选择和使用。常用的几种有:

①彩色油泥模型用薄膜:有银、红、橙、黑、灰等各种系列的色彩,具有适度的延展性,主要用于模型表面贴涂装饰和检查表面的曲面变化。

②车窗薄膜:主要用于油泥车窗的装饰。喷水后进行粘贴,张力大,可以产生一定程度的延展。但是因为本身的厚度比较大,不适合粘贴于曲率大的表面。

③镀铬薄膜:主要用于车窗边缝、排气管等镀铬件的装饰。有经过加热后可以延伸和不需要加热就可以延伸两种。

④彩色棱镜薄膜:有银、红、橙等色彩,主要用于车灯及装饰部件的装饰。背面有黏胶,可在加热的辅助下进行粘贴,该薄膜没有延伸性。

（3）其他类

另外还有其他一些专用材料。如蜡板,手感如蜡,有一定可变形韧性,主要粘贴在车架上,供制作油泥模型时找到覆盖件与车架的间隙位置点时使用。

小贴士

用和不用辅助材料的前提

用不用这些辅助材料取决于三个因素:

第一个重要的因素是你制作的模型是作为什么用的。如果你直接将它拿去展示,如参加展览之类,而时间又非常紧迫,那肯定必须使用。

第二个,也是很局限的因素就是价格。因为这些辅助材料基本都是进口产品,价格都比较昂贵,购买起来也是一笔不小的开支。像一卷 3mm×27.4m 的构思图胶带,也要花费大约几十元人民币。

第三个因素,贴膜不但需要有充分的耐心和细致,而且需要有很熟练的技巧。因为彩色薄膜本身薄而柔软,在贴膜的过程中,一不小心就会粘在一起导致浪费。

一般来说,如果你的油泥模型是拿来进行数据采集的,那么,你仅仅需要一些制作时辅助使用的胶带和检查时使用的薄膜之类就行了。

4. 其他辅助材料

在油泥模型制作过程中,特别是后期制作中还会使用到一些其他消耗性的辅助材料。如图 2.30 所示,其中最主要的有砂纸、黏胶、原子灰、漆类、玻璃钢材料,以及其他材料。

图 2.30 其他辅助材料

（1）砂纸

主要有铁砂布、木工砂纸，其中使用较多的是砂纸。需要注意的是，铁砂布和木工砂纸的型号是数字越大，颗粒越粗。

（2）黏胶

可供选用的黏胶有很多，有专用的黏胶，也可根据不同的材料选择其他黏胶代替。可供选用的主要黏胶有泡沫胶、乳白胶、万能胶、501 胶水、502 胶水等。但 502 胶水和万能胶等黏胶带有很强的腐蚀性，它们会蚀穿内胎而达不到粘接的效果。

（3）原子灰

原子灰主要是在后期喷漆处理刮腻子底时使用。主要有汽车原子灰和建筑用原子灰，汽车原子灰的质量更好些。由于原子灰本身有很好的黏度，所以有时也作为黏胶使用。

（4）漆类

漆类主要是在后期表面处理时使用。主要使用的是喷漆，其色彩种类很多，喷漆也有自干漆和烤漆之分。自干漆的色彩是固定配置好的，烤漆可以调配出更多的色彩。

（5）其他材料

其他辅助制作材料还有铁丝、钉子、螺栓、螺丝等。

四、工具

"工欲善其事，必先利其器"，许多人都明白这个道理，对工具和设备的认识和了解，是制作油泥模型必不可少的环节。

1. 油泥制作工具

制作油泥模型的工具有很多种型号和规格，在使用上要求比较严谨，不同工具制作不同的部位。在这里，我们大致把它们进行如下分类，初学者要注意正确选用和使用。

（1）直角油泥刮刀

直角油泥刮刀主要用于油泥初敷后进行粗刮削加工，适用于油泥模型的初期，对整个模型的大面进行整体刮削造型。这一类型刀具根据刮削曲面大小分为几种不同的大小型号（图 2.31），刃长 30～235mm 依次增大，常用的有 50mm、75mm、100mm 三种。在刮削时根据所需刮削曲面的实际情况进行选择使用。

图 2.31　直角油泥刮刀

（2）双刃油泥刮刀

双刃油泥刮刀适用于油泥模型的中期，分为直线弧形刮刀和双刃弧度形刮刀，如图 2.32所示。在初步刮削之后，将原本粗糙的表面刮至接近平滑。由于还处于模型的前期阶段，在大面积刮平的时候，还可能需要修改某些部分，所以这类刀具的最大特征是两面都有刀刃，其中部分刮刀的一面刀刃呈锯齿形。

图 2.32　双刃油泥刮刀

（3）精细单刃油泥刮刀

精细单刃油泥刮刀适用于油泥模型的后期，用于对粗刮过后的模型进行表面精刮和光顺。同样，由于不同的曲面，也分为不同规格大小和型号。主要分为大、中、小三种型号，如图 2.33 所示。在使用时，要十分细致、耐心地进行刮削，尽量薄薄地刮削油泥模型表面，以达到精细光滑油泥表面的目的。

图 2.33　精细单刃刮刀

（4）特殊形状的油泥刮刀

特殊形状的油泥刮刀主要是用于对普通刮刀造型能力的补充（图 2.34）。对一些相对复杂、狭窄的曲面或者是沟槽内弧的曲面，普通的油泥刮刀不易进入和刮削的地方，就会用到这些刀具。

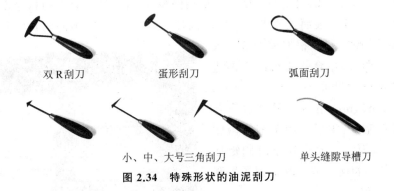

双 R 刮刀　　　　　蛋形刮刀　　　　　弧面刮刀

小、中、大号三角刮刀　　　　　单头缝隙导槽刀

图 2.34　特殊形状的油泥刮刀

它们之间由于不同的曲面和用途，主要分为：

①双 R 刮刀：主要在修整大型内弧面时使用，使用频率较少。

②蛋形刮刀：主要用于圆形凹面、宽度较窄的沟槽或内弧面修整，使用频率较少。

③弧面刮刀：分为五种直径弧面规格，用于挖洞或进行深挖作业，使用频率较少。

④三角刮刀：分为大、中、小三种型号规格，用于模型曲面比较狭窄或相对较小等区域，使用频率较高。

⑤单头缝隙导槽刀：用于勾勒产品分模线的间隙或汽车模型门窗缝隙，使用频率

较高。

（5）双头凹面刮削工具

这一类油泥刮刀由于其形状特征又名丝刀（图 2.35），有形状、弧度和大小的区别。刀体很细，主要用于处理油泥表面的凹陷部分、勾画细微部分。根据实际情况选用。通过以往的实践经验证明，丝刀也可以用于曲面的局部精细刮制。

图 2.35　双头凹面刮削工具

（6）修整刀

修整刀主要适用于油泥模型的早期，在使用刮刀之前，用于在堆砌、填补、切割油泥时使用。有不同的大小型号和规格，如图 2.36 所示。

图 2.36　油泥修整刀

（7）钢制刮片

钢制刮片主要用于油泥模型后期进行精细修整，以改善油泥表面的粗糙度，检查油泥表面的平整度，使油泥表面光亮平顺。钢制刮片主要为矩形，有不同的长度和厚度之分。厚度越薄，钢片越软，可以根据模型弧度大小进行自由弯曲，以贴合需要精刮表面进行刮削。常用的厚度有0.08mm、0.2mm、0.3mm、0.5mm、1mm 五种。另外也有各种曲率的异形刮片，主要应用于刮制内凹的反 R 曲率弧面。其大小与厚薄同矩形刮片的型号基本相同。常见的钢制异形刮片如图 2.37 所示。

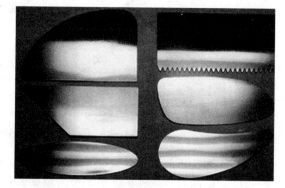

图 2.37　钢制异形刮片

2. 选择适合自己的工具

目前市场上所销售的油泥制作工具有进口的，也有国产的。进口的制作工具一般是专业厂家制造的，国产的基本是非专业厂家模仿制造的。

专业制造和非专业模仿制造这两者之间价格相差比较大。进口的工具的购买对象一般为大型公司和企业，很少有私人购买。

进口的工具有日本的,也有德国的。目前市面上所销售的油泥制作工具主要是从日本 Tools 公司进口的,价格比较昂贵,大多数为数百元一把。

根据不同内容或不同需求,我们还可以自己动手制作工具,如常用的塑料刮片、模片、画线工具,以及一些切割工具等。由于其不同于其他刀具,所以自己制作也是不错的选择。

五、主要设备

并不是有了油泥制作工具,就可以开始进行油泥模型制作,还需要使用一些辅助设备。这些设备根据油泥模型制作的不同要求,有些是必备的,如油泥烘箱,有些是选择性的,如模型制作平台、油泥回收机、三坐标测量仪。

1. 油泥烘箱(图 2.38)

油泥使用之前需要加温,这就需要加热的设备,即油泥烘箱。标准的油泥烘箱其箱内表面由不锈钢制成,容易清扫,对油泥加热均匀,即使反复加热,对油泥的性质也不会产生很大影响。

标准的油泥烘箱内部有通风散热装置,不过价格比较贵,也可以根据实际情况,选用另外一些加热设备来代替。如食品烘箱,也可以达到类似的效果。

图 2.38 油泥烘箱

2. 模型制作平台(图 2.39)

模型制作平台分为制作 1∶1 的全尺寸模型和制作缩比模型的两种,其中汽车与摩托车的制作平台在式样上不同,要求也不同。汽车制作平台比摩托车制作平台的要求更高。

汽车 1∶1 模型的专用制作平台一般与地面为同一水平面高度,有不同尺寸规格。最常用的是 3000mm×7000mm,上面标有刻度,且可安装测量画线仪。

缩比模型的专用平台一般是桌式,尺寸大约是 1600mm×850mm×810mm,上面标有刻度(1∶4 是 25mm,1∶5 是 20mm)。除了模型外,还可以摆放一些工具,有些还可以调节高度和旋转。

图 2.39 油泥模型制作台

当然，也可以自己制作或改装模型制作平台来代替。1：1的用钢板，缩比模型用桌子。不过，一定要将台面校正水平，不然你很难将模型做得对称和准确。

3. 油泥回收机(图 2.40)

一般情况下，油泥可以直接回收加热后再使用。由于油泥被使用几次后，其中会产生气泡，致其密度疏松，黏性降低。而油泥回收机可以将反复使用后的油泥再次搅拌，除去气泡，提高密度，改善黏度。但因为其售价昂贵，通常学生在

图 2.40 油泥回收机

使用油泥时，只要注意保护好工作环境，避免尘屑混入油泥中即可。不建议学生使用油泥回收机。

4. 三坐标测量仪(图 2.41)

三坐标测量仪主要用于测量模型的对称、三维数据测量、三维画线等，分为三坐标测量系统(有单测臂、双测臂和多测臂)和三坐标测量(画线)仪两种。三坐标测量系统一般配有计算机与扫描仪器，可以读数据并以数字方式储存，可以将数据打印出来或输出。主要在制作比较精良的大型模型时使用。

三坐标测量(画线)仪有大小之分。大型仪器用于测量全尺寸模型，小型仪器用于测量缩比模型。

5. 高度游标卡尺(图 2.42)

主要是用来测量模型的高度位置，有大小不同的尺寸和规格。也可以用于测量模型的对称、数字测量，以及代替小型画线仪来使用。

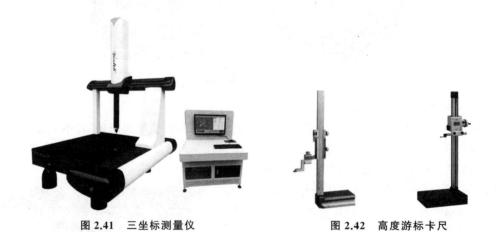

图 2.41 三坐标测量仪   **图 2.42 高度游标卡尺**

6. 其他辅助工具

在油泥模型制作中，除了使用主要的制作工具外，还有一些在骨架的制作及后期处理时必须用到的其他辅助制作工具。

(1) 手工工具

手工工具一般以木工工具和钣金工具为主。根据各个造型方面的需要，主要包括：

木工锯、板锯、钢锯、曲线锯,榔头、钳子、螺丝刀、木工锉、金属锉,以及铁丝、钉子、螺丝、螺栓等五金工具。

（2）电动工具

在制作模型过程中,很多时候用纯手动工具无法达到预期效果,或者比较费时费力,可以选择一些手持电动工具来辅助制作。主要有：手电钻,用于对木材、金属、模型芯材或模型后期处理时进行打孔；提线锯,用于切割木材或芯材；角磨机,用于后期玻璃钢毛边的修整或切割、打磨金属材料；抛光机,用于打磨玻璃钢模型以及喷涂装饰的后期打磨。

当然,还有很多电动工具都可以选用来制作模型以加快制作进度、提高制作质量或减少手工操作强度,这里就不一一介绍了,大家可以根据自己的实际情况购买使用。

（3）其他工具

常规的测量、画线工具,在制作油泥模型时也常常使用,主要有：直尺、三角尺、钢尺、曲线尺、圆规、画线规、各种模板、水平仪、刀具等。在制作时,应根据自己的需要进行准备和选用,也可以自己制作一些形状的模板。

第三节　油泥模型制作步骤

一、准备工作

油泥模型的制作是一个比较复杂的过程。为了使制作过程更加方便、顺利,在具体进行油泥模型制作之前,需要做一些必需的准备工作。这些工作除了准备制作工具和安装调试设备外,还包括打印制作对象的各种不同图纸,以及制作检验、校正油泥的模板。

1. 效果图的表现

效果图是对制作对象的形状、色彩、材料质感及反光效果等的表达,作为造型构思选择和确定方案,以及制作油泥模型的参考。效果图可以是手绘的,也可以利用计算机绘制。

由于油泥模型的应用范围主要是交通工具中的摩托车、汽车和其他较大型的产品,而它们之间的形态有许多的差异和不同的复杂程度,因此需要对这些对象进行有针对性的表现。

2. 制作图的绘制

制作油泥模型一般需要正面、侧面、顶面、后面四个视图。要注意的是,由于汽车造型的特殊性,常常习惯将侧面形象的视图称为主视图,正（背）面形象的视图分别称为前视图和后视图,顶面形象的视图称为俯视图。图纸一般采用计算机辅助设计完成,然后按制作需要的比例打印出来,作为制作油泥模型的依据。最好能够将图纸装裱后挂起来,在油泥刮削和测量尺寸时较方便使用。有条件的也可打印两套,一套用来制作模板,一套用来作为挂图。图 2.43 为在四视图上

图 2.43　在四视图上标注关键点

标注关键点。

3. 工作平台和模型底板的制作

在没有模型制作平台的情况下,可用木工板制作工作平台。工作平台底部安装"工"字形底座,必须能够稳定安放在桌面上。制作完成后在工作平台贴上俯视图。然后制作安装模型底板,如图 2.44 所示。

图 2.44　工作平台和模型底板的制作

在模型底板的制作过程中要注意,底板长度需在保证车头车尾边缘留有 10mm 余量空间的基础上,取最大长度;底板宽度要略小于两轮胎内侧面之间的距离;底板的高度一般在轮胎中心附近,要高于汽车接近角和离去角;最后,模型底板的"工"字形支撑木方的中心与车轮中心轴重合。模型底板的制作要求,如图 2.45 所示。

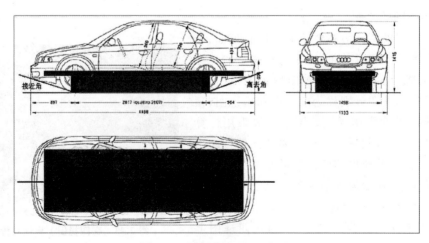

图 2.45　模型底板的制作要求

3.模板的制作

模板,又称为样板,是根据模型的基本特征线做成的模型横断面形状的特征板。主要是利用横断面凹形形状来指导和检查模型骨架的制作或油泥的填敷和刮削。在制作油泥模型过程中,主要是依靠人眼来判断形状的准确性、肯定性和连接的光顺性。对于初学者来说,要很好地把握产品的对称关系和曲面变化是非常困难的。特别是对于一些较为复杂的圆弧面,即使是有一定经验的人有时也是难以把握的。因此,利用一些根据设计对象自制的模板工具,可以使你事半功倍。

汽车油泥模型制作主要制作四部分模板,如图 2.46 所示。其中,制作中轴线模板时应注意虚线处的处理,要使模板能从模型中拿出来;制作侧身模板时应注意不能用视图的外轮廓作为模板,因为虚线处外轮廓是拢拱的轮廓,其拐点必须从主视图和俯视图量出高度和宽度,对应的在前视图上,用曲线连接后画出侧身轮廓;制作轮胎模板时需要制作前轮和后轮两块模板。

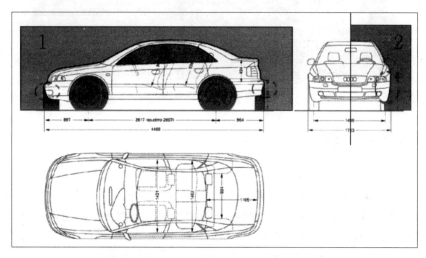

图 2.46　四部分模板示意图

模板的制作过程,是先将一套线图的各视图沿轮廓线边缘剪切下来,然后将其拷贝或粘贴在胶合板上,沿轮廓线边缘用曲线锯切割下来即可显示。制作模板的材料最好选择 4~5mm 厚的胶合板。切割时最好在有用的轮廓线外侧多留 1~2mm 的距离,以避免手误而多锯。切割下来的模板边缘线轮廓比较毛糙,要用木锉刀或砂纸打磨,使得到的形状更精确。如果毛刺太多,可先用刀修整一下。模板打磨好后,要在立模板(如主视图模板)下部两边各钉上一个木方支架,作为检测油泥模型时的立脚。钉立脚时要借用角尺,保证模板站立时垂直且稳定,并放在平台上进行检查。图 2.47 所示为模板的制作过程。

还有一些特殊位置和形态的模板,如侧沿模板(俯视图模板)、前轮轴与后轮轴模板、车头与车尾模板等,可根据具体需要制作。

图 2.47　模板制作过程

二、骨架制作

就像人体一样,在油泥模型的内部也有支撑油泥的骨架。一方面,由于油泥模型的体积比较大,全部使用油泥制作既沉重又无法支撑,模型也不便于移动;另一方面,油泥模型还需要安装许多附件,骨架可以起到连接和支撑的作用。虽然不同尺寸模型的骨架有一定区别,但制作方法从大体上讲基本相同。

下面主要讲述的是油泥模型骨架中的木材支架、金属支架和泡沫胎基的一般制作方法。

1. 木材支架的制作

木材支架普遍运用于制作汽车缩比油泥模型和其他小型产品的油泥模型,因为缩比油泥模型体量不大,因此不需要承重性。

木材支架的制作有两种方式:一种是在泡沫有限的情况下,先使用木条做框架,再用泡沫封面;另一种是在泡沫充足的情况下,不使用板材做框架,而直接用泡沫造型。

选择不同截面尺寸的木条、胶合板或木工板。对木条的选择没有多少要求。而在选择胶合板或木工板的时候,一定要注意选择表面比较平整、无裂痕的,以便将骨架尺寸画在木条和胶合板上。

然后沿尺寸线割锯,并用刨子或砂纸打磨修整边缘。修整边缘可以避免在敷填油泥的时候刮伤手。

下料工作完成后,就可以先进行底板基座的钉合。基座钉合一定要用钉子,不要用胶粘接。钉合好后,应该检查是否稳定,否则油泥制作时发生晃动就很麻烦。

如果需要制作木框架,方法与制作底板基座一样。木框架的连接也一定要用钉子钉合,钉子固定效果不好的地方,要用铁丝捆扎固定。同时,要检查是否有钉子偏出,形态是否正确。不同的模型产品有不同的制作要求和具体方法。

在制作好木材支架后一定要仔细检查是否牢固、稳定。因为制作模型时是要用力的,而且油泥材料本身也较重,骨架不牢固是支撑不住的。这一点特别对于用模板刮制油泥模型至关重要,骨架晃动会使你做好的油泥模型开裂,甚至垮掉。

2. 金属支架的制作

金属支架主要用于全尺寸模型的制作,主要有两种方法:一种用角钢、圆钢等焊接而成,用于制作全新设计的造型;另一种是利用旧车架进行局部造型改造,也可以借用局部重组改造后,用于全新设计的造型。

全新设计的造型是先画出支架的结构,制作图纸,然后根据图纸备好材料,再由电焊工按图纸用角钢、圆钢等焊接完成。

局部改型一般是保留主要部分,而对一些附件进行改造,所以要将其中需要改造的部分拆除。如汽车的格栅、保险杠、防撞条,摩托车的边盖、尾翼等。

3. 泡沫胎基的下料、打磨与粘接

在缩尺寸模型制作中,模型相对较小,可以不用制作金属支架而直接使用泡沫材料制作胎基。制作泡沫胎基的材料主要是专用的发泡泡沫和苯板泡沫。虽然两种材料的特性不同,但在制作方法上基本相同。有条件的最好选择专用的发泡泡沫,如选择苯板泡沫,也要使用密度较高的,不要选择颗粒较大而且易脱落颗粒的泡沫。虽然初胚形态的基本塑造在制作上要求不那么精确,但对于制作缩尺模型而言很重要。泡沫胎基的制作过程如图 2.48 所示。

图 2.48　泡沫胎基制作

（1）首先,根据图纸先在泡沫上画好相对的形状,泡沫大小和厚度根据模型尺寸和形状的弧度决定,一定要注意预留足够的加工余量。

（2）接下来，进行泡沫的切割，可以用电动工具和手工工具。切割时要注意保持泡沫切割口的上下一致，避免歪斜而使材料报废。切割完成后，先用锯子（也可以用墙纸刀来切削），去除尖角和多余部分，要注意与加工线间保留一定的距离，为打磨留下余量。

（3）然后，进行泡沫的打磨。先参照图纸尺寸或根据制作的模板，用记号笔在泡沫上画出打磨的大致加工线，再用木锉或砂纸沿加工线用力均匀地来回打磨，形成基本的初型。在打磨的过程中，一定要注意与效果图进行比较，可用模板从多个角度观察，逐步调整直至与效果图形态接近。打磨过的泡沫胎基要小于模型实际外轮廓线，间隙大小根据模型大小决定（30～50mm 或 10～20mm），为上油泥留出足够的空间。可用模板对形态进行检查。打磨好泡沫胎基，在检查没有问题后，用手提电钻，在泡沫上随意钻上∅10mm以上的小孔数个。其作用是使填敷的油泥附着更牢，如图 2.49 所示。

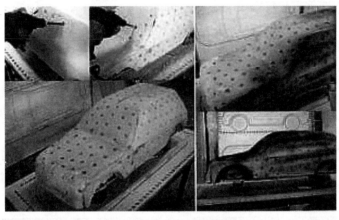

图 2.49　为泡沫胎基打孔

（4）最后，进行泡沫的粘接与后处理。泡沫的粘接，既可以一次将所有泡沫切割好，然后按"先中间，后两边"的顺序粘接，最后用纸胶带捆绑固定。也可以边切割边粘接，这样做的好处在于切割下一块时可以与上一块更好地定位，不方便的是每次都要配粘胶。选用哪种粘胶粘接泡沫好？如果你选择的是苯板泡沫，并准备粘接到底板上，建议你用专用的腻子胶，腐蚀小，固化快，但是价格较贵。另外，也可选择使用没有腐蚀性的乳白胶，避免泡沫被粘胶腐蚀而变形和缩小。乳白胶要同时均匀涂在泡沫和底板上。如果你选择的是专用发泡泡沫，那么使用包含专门的两种泡沫原材料成分的 A、B 黏合剂最好，不但固化快，而且黏合的两部分泡沫之间没有缝隙。

完成上述四步骤后，将泡沫胎基表面的灰尘和泡沫颗粒用板刷清理干净后，就可以进行下一步的油泥制作了。如果有不易清除的，可以使用乳白胶在泡沫胎基表面刷涂一层（图 2.50），进行表面颗粒的固定。

图 2.50　泡沫胎基的表面清理

小贴士

有关打磨胎基的补充说明

将尖角部分去掉后,一定要用木工锉打磨其他多余部分,因为采用锉的方法比切割的方法打磨泡沫速度更快,塑造的形态更准确。如果没有木工锉,也可以用砂纸或钢锯条平顺的一面。应尽量用粗砂纸,因为太滑的芯材表面并不利于油泥的填敷。砂纸一定要裹在木方条上打磨,不要直接用手按在砂纸上打磨,因为砂纸会很快发烫并烫伤你的手。由于泡沫是由许多颗粒构成的,特别是苯板泡沫,质地软,颗粒粗。打磨时不要用力太大,应该是多方向地打磨。以免打磨过度,使泡沫颗粒大面积脱落。

如果你用的是苯板泡沫,且模型体量大。有条件的也可以用热熔性的工具,即电热丝。它可以通过融化苯板来完成切割的目的,好处是快且整洁,不会有飞屑。

三、油泥制作

油泥制作是整个油泥模型制作最重要的过程,制作方法既复杂,耗时又最多。不但在不同的制作阶段需要严格地按照步骤去做,而且在制作中还应正确地使用不同的制作工具和设备。

本节的主要内容是关于制作油泥模型的方法与步骤——烘烤、回收、填敷、粗刮、精刮……所有你必须知道的对制作油泥模型可能做的每件事。

另外,对于涉及油泥模型的后期处理和一些附件的制作方法,因为它不纯粹属于油泥模型制作的范畴,在这里只作一个基本的简单介绍。

1. 烘烤油泥

在油泥模型制作前,一定要将油泥烘烤变软。因为油泥的特性是热软冷硬,油泥的填敷必须是在软化的状态下才能使用。你要清楚,油泥烘烤的好坏对模型的质量是有很大影响的。你应该掌握如何使油泥达到你要使用的最佳状态。

简单地说,只要将油泥放在烤箱里升温,油泥就会软化。但千万不要小看油泥的烘烤,精确的温控和加热均匀是烘烤油泥必须满足的两个条件。

如果温度过低,油泥的软化程度会不够;如果温度过高,油泥的性能会受到影响。温度高到一定程度,油泥会因液化而发生成分分解,导致无法使用甚至燃烧,所以必须注意。

油泥不能堆砌摆放,应分层放置,而且在摆放油泥的时候也不要太密集,让每根油泥之间都有良好的通风间隙,如图 2.51 所示。

油泥在加热过程中一个最大的问题是软化不均匀,因为受热不均匀而导致局部升温太快,因此最好选用带有内部鼓风的烘箱。

另外,在加热过程中一定要使用托盘盛放油泥,托盘四边的高度不要超过一根油泥直径的 2/3,在烘箱中托盘与托盘之间不要重叠放置,以避免油泥在托盘内部被过度加热。

图 2.51 摆放油泥

 小贴士

烘烤油泥的技术细节

（1）盛放油泥的托盘最好是用白铁皮做的烤箱专用平底铁盘，尽量不要使用瓷盆（碗），特别是小底的瓷碗不易使油泥充分受热，加热时间长，油泥损耗大。油泥拿出烤箱后很快就会硬化，烘烤的油泥在制作过程中是用多少拿多少。因此，使用的烤箱最好是能够调节温度和恒温的。

（2）不同种类的油泥有不同的特性，它们烘烤的温度是不一样的，因此不要将不同种类的油泥混在一起。使用过的油泥也可以回收后再使用。

2. 回收油泥

油泥除了方便制作成型外，还可以反复回收使用。在制作油泥模型的过程中，会有许多刮削下来的泥片。有时从烘箱中拿出来的油泥甚至可能还没用完就已经硬化了，你可以将这些油泥重新回收软化后再使用。

但是被使用一、二次后，油泥中会产生气泡，密度疏紧不一，黏性降低。回收油泥的方法有两种：一种是放回烘箱重新烘烤；另一种是用油泥回收机炼制。

（1）用烘箱重新烘烤回收的油泥与烘烤新油泥的方法基本一样。将使用过的油泥收集起来，放在托盘中。要注意在烘烤回收的油泥时，应将油泥切成小块状（图2.52），这样可以烘烤得快捷且软化均匀。

使用烘箱烘烤回收的油泥，一次使用量较大时，可先在平板上将油泥用力揉搓，让油泥中的气泡溢出，使油泥混合得更为均匀。

（2）用油泥回收机对油泥进行回收，是最方便、最快捷、回收的油泥质量最好的方

图 2.52 回收油泥

法。将使用过的油泥收集起来,直接放在油泥回收机中搅拌,回收机会自动对油泥进行加温软化。就像搅肉一样,一边放一边出。在对油泥的处理质量上比人工高,用时不需要用力揉搓就可以直接使用。你也可以一次性将所有要回收的油泥全部处理出来,放在烘箱里备用。

 小贴士

回收油泥的补充说明

油泥虽然可以反复地回收使用,但是油泥在烘烤的过程中,其泥中的成分会逐渐流失,回收次数太多,会使油泥的黏性和塑性大大降低,一般以进行 3～4 次为宜。

对回收的油泥质量也有一定要求,回收时一定要仔细清理油泥中的芯材碎渣和渣滓,如果含有其他杂质,则会降低油泥纯度,造成油泥黏性和塑性的降低。

3. 填敷油泥

我们称往模型胎基表面上油泥为填敷(也有称为填墩、上泥)。填敷油泥就像做雕塑要先"上大泥"一样。但填敷油泥不能像做雕塑那样将泥土一坨一坨地按在支架上,然后用木棒使劲敲打压紧。填敷油泥的主要方法有"推"和"勾",如图 2.53 所示。"推"是用大拇指和手掌缘向前推进填敷;"勾"是用食指弯曲,用其内侧向后勾拉填敷,不要用其他于指。

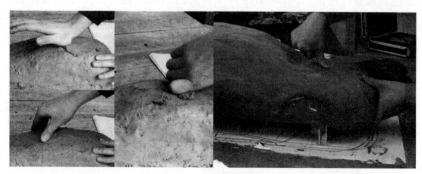

图 2.53 填敷油泥

填敷油泥只能是一层接一层地敷贴,并且第二层油泥不要敷得太厚。应该是适当用力并尽量均匀地先填敷薄薄的一层。然后再照此方法一层一层地填敷较厚的油泥。但不要过厚,可以多填敷几次,保证油泥之间的贴合,直到填敷满整个胎基。

手指一次可填 2～3mm 厚,手掌一次可填 4～5mm 厚。油泥过厚其收缩力会很大,厚薄不匀则容易爆裂,也容易和泡沫分离。一般大型油泥模型的油泥厚度为 30～50mm,小型油泥模型的油泥厚度为 10～20mm。

要注意的是多次填敷油泥时不要在层与层之间形成空腔,一定要把空气排出去。如果油泥之间有间隙,油泥会因收缩陷落而导致表面凹凸不平,也容易形成剥离层,造成刮制时油泥脱离。油泥填敷方法的正误如图 2.54 所示。

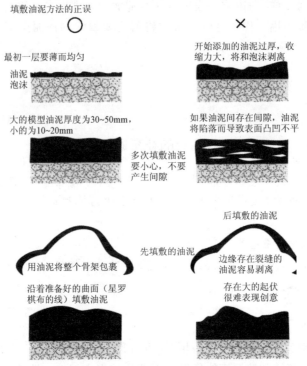

图 2.54 油泥填敷方法的正误

油泥填敷基本差不多的时候,就可以用模板来检测所填敷的油泥,如图 2.55 所示。根据工作台上的定位线设置好模板,可以看出这些位置上的油泥的盈亏。用油泥沿模板在这些位置上将高度确定下来,并做好记号作为基准线,然后把油泥补上,直到基本达到预定位置。

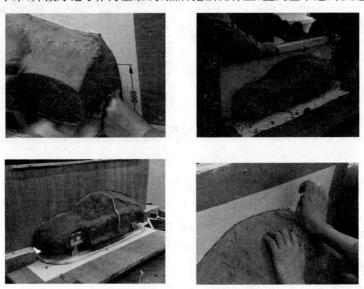

图 2.55 用模板来检测所填敷的油泥

不同种类的产品模型在制作方法上有一定区别,因此对填敷的要求也不一样。

小贴士

油泥形成空腔和剥离的原因

千万不要图快就大块大块地填敷油泥，即使是软化了的油泥也不是敷上去就能够很好地贴合，也很可能在层与层之间形成空腔。

由于新填敷油泥的温度与已填敷油泥的温度之间相差太大，使新填敷的油泥很快冷却，在两层之间就容易形成一个剥离层。

多次反复使用过的油泥会密度疏松，黏性降低，即使只是使用过一次，也会产生气泡。所以使用前，要用力揉搓。油泥烘烤不够或不均匀也是原因之一，因为没有充分软化的油泥相互之间是不能贴合的。

4. 粗刮油泥

粗刮油泥，也有称初刮油泥。根据模板或图纸，去掉凸出的多余部分，将凹陷的地方填补起来，对油泥模型基准面的塑造以确定大形，这是一个反复多次的过程，如图 2.56 所示。

图 2.56　粗刮油泥

（1）工具选择

粗刮油泥常用粗刮刀，主要选用直角型或双刃油泥刮刀，根据模型大小尽量选择大尺寸的刮刀。使用双刃油泥刮刀刮削时要使用带齿的一面，不要使用带刀的一面，也可用刮片。这两种方法常常是交叉使用的。选择哪种工具，主要根据刮制的产品和各部件面积的大小确定。用刀刮削的方法是，一只手握刀拉刮，另一只手搭在刀架上控制轻重和保持刀具平稳。

（2）刮制方法

为了保证刮削面的连续性和平整性，刮削过程中用力要尽量均匀，并保持平稳。前后两次刮削用刀呈十字形交叉方向,不要只朝一个方向用刀。在粗刮油泥的过程中,头脑中要始终保持模型完整的形状。参照制图和效果图,将模型与图纸反复比较,对油泥模型不断进行审视、改进和调整。也可以用模板或标高尺检查。

（3）刮制顺序

由于粗刮只是制作基准面,所以刮削时应先从大的面开始,只注意大面的准确性,只刮制出模型的基本形状。在大的面制作完成前不要忙着做小的面,更不要进行细节的制作。在基准面刮制完成后一定要检查平顺度,可在该面平行贴上黑胶带,通过观察黑胶带之间的距离是否平行、均匀,进而判断该面平顺度是否一致。

 小贴士

粗刮油泥的技术要点

标注采样点最重要的是要找出定位线,一般来说,多数产品都是对称的形态,因此,常用中轴线作为定位线,而且你只需要找一条。

作为表示对称的中轴线,往往决定着整个模型的基本大形,以中轴线作为定位线来找到其他面的位置既准确又方便。

对称的制作也是以中轴线为界。一般来说,油泥模型是先制作好一半后,在细节制作前再进行另一半对称复制。

5. 精刮油泥

精刮油泥,也称细刮油泥,是油泥制作过程的最后阶段,是模型基准面完成后对油泥模型的各部件制作、部件之间的连接（转折面）等细节的处理和表面光顺度的处理,如图 2.57 所示。

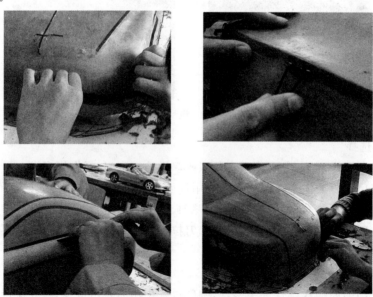

图 2.57　精刮油泥

部件之间的表面连接(转折面)处理是使模型富有变化,更加完美。一般情况下是结合部件制作一起进行。由于其变化多端,一般使用刮片、精刮刀与特殊刮刀相结合(图 2.57),采用"目视"的方法制作。

(1) 刮片的使用

为了保证刮制的模型表面平整光顺,在刮制大型曲面表面时,应根据模型断面的长度选用恰当的钢刮片,仍然呈十字形交叉和多方向,这样刮制的模型表面不易形成波浪。刮制时刮片应朝不同的方向倾斜而适当地用力,并注意手的摆放位置,手指的用力应均匀分布在刮片上,防止受力不匀,刮片变形。

(2) 精刮刀与特殊刮刀的使用

对某些表面面积较小和特殊部位,无法使用钢刮片,可选用精刮和特殊形状的油泥刮刀,刮制方向仍然呈十字交叉。

(3) 特殊刮刀的使用

对模型各个部件之间面的连接等细节,完成不充分的地方进行调整,由于这些部位造型特殊,主要选用圆形刮刀、三角形刮刀和丝刀,有时也会使用一些特制的模板,如图 2.58 所示。

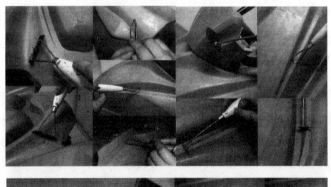
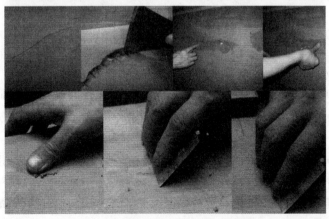

图 2.58　面积较小和特殊部位的刮制方法

如果表面模型有气泡或凹陷,可用针扎破放气,若气泡较大还需与凹陷的地方一起填补油泥,填敷时要按紧并延伸,以免起层脱落。然后再重复上面的步骤。精刮油泥完成后,要再次对模型整体进行确认,反复比较,确认形状完全无误,各面的连接、过渡和光顺

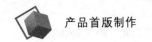
度都要达到设计的要求。在精刮油泥的过程中,不但要多次分析图纸,而且要充分发挥个人的主观感受和审美观,利用视觉差带来各种艺术效果。

 小贴士

有关油泥表面光顺度的要求

(1) 油泥表面光顺度处理的精细程度主要根据对模型后期处理的要求确定。由于最后的用途不同,油泥的精细程度可以灵活控制。

(2) 用于贴膜的精细程度要求最高,因为贴膜后即便是最细小的瑕疵也会很明显地显露出来,所以在贴膜前有必要再次用钢片来精修,精修后要很小心,不要随便触碰模型。

(3) 用于三维扫描的油泥模型要求也很高,因为直接影响到数据采集和视觉外观。精刮好的模型不要随便触碰,贴采集点时也要很小心。

(4) 用于翻制玻璃钢的模型要求稍低,因为翻制出的玻璃钢模型还需要修补、打磨。当然,表面越光顺,打磨时越轻松。

(5) 对精细程度要求最低的是直接表面喷漆,因为是不会直接在油泥上喷漆的,需要在表面敷一层腻子后再打磨,这样可以填补很多缺陷。不过,这并不意味着模型可以不用做准确。

6. 细节制作

前面讲了油泥模型制作的基本步骤和方法。由于油泥模型的制作是从大形和大面做起,因此有许多细节是在整体制作过程中穿插进行或最后制作的。油泥模型的细节制作最主要的是面与面边沿拐角 R 制作、面与面之间反 R 的制作、成型件的制作、各活动部件之间的分型线,以及内凹区域的制作等。

(1) 面与面边沿拐角 R 的制作

模型的边缘一般都有 R,这一方面是生产力加工工艺的需要,另一方面是通过 R 曲率大小的变化可以改变对物体的视觉效果。

油泥模型的边缘拐角 R 一般有两种,一种是 R2、R3 的小曲面,另一种是 R30、R50 的大曲面。小曲面的拐角 R 是在模型的制作过程中同时完成的,大曲面的拐角 R 一般需要专门制作完成。

为了避免将大曲面的拐角 R 制作成大的圆角而使两边基准面报废,根据设计的要求在制作的模型基准面用胶带贴在与拐角 R 相切的两边基准面上。先刮去拐角 R 的锐角,然后用刮刀刮出大致的形态,再用钢刮片根据 R 的曲率进行修整、处理,最后用软刮片光顺模型表面,如图 2.59 所示。

也可以采用模板制作大曲面的拐角 R,先根据拐角 R 的形状制作模板,然后用模板沿着胶带线刮制出拐角,再取掉胶带,用软刮片光顺模型表面。

(2) 面与面之间反 R 的制作

反 R 在油泥模型中常常出现,也是模型中基准面与基准面之间的连接过渡面。特别

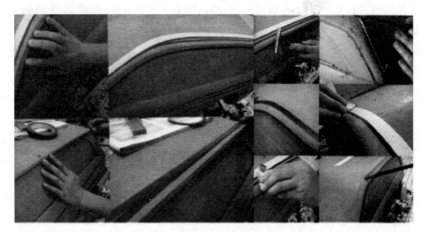

图 2.59　面与面边沿拐角 R 的制作

是在制作汽车的前窗与发动机机罩的连接、轮罩与车身侧面的连接中运用较多。

反 R 的制作方法与制作边缘拐角 R 一样，先分析反 R 的曲率，确定出与基准面相切的曲率。可以直接利用模板制作，也可以通过"目视"采用刮刀来制作，如图 2.60 所示。

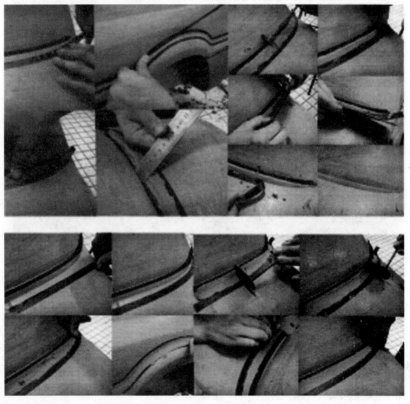

图 2.60　反 R 面的制作

先分别在两边基准面上（约小于切线位置）各贴上一条胶带，将油泥填敷在两条胶带之间，用尺子测量并做上高度标注，确定出反 R 的最深点（高度）位置。

用三角刀和刮片(也可用与反R同曲率的凸模板)刮制出反R曲面所需的高度(最深点),然后取掉一边的胶带。如果两边都与基准面同样相切,就同时取掉。

根据反R曲率(范围)的大小,在与基准面相切的位置再贴上胶带,然后填敷上油泥。填敷时要注意用力适当,不要将前面确定的R曲率破坏了。

然后用弧形刮刀或蛋形刮刀刮去多余的油泥,再用异形刮片和直角刮片朝不同方向刮制,直到达到确定的曲率曲面形态。

最后取掉所有胶带,分别用较软的异形刮片和直角刮片朝不同方向对反R与基准面进行光顺,使其过渡的曲率自然、流畅。

(3)成型件的制作

在油泥模型中,有许多部件的断面形状是一样的,这些部件可以用油泥回收机或直接手工制作好成型件,然后再粘贴在模型上。比较而言,手工制作更简单。

如图2.61所示,手工制作是将软化的油泥沿靠板敷成条状,然后用模板将油泥刮出基本的断面形状,刮制时速度要快,以免油泥硬化。对于有弯曲的成型件,最好是先做一弯曲的靠板,然后再用模板刮制。

图2.61　油泥成型件的制作

对于一些比较宽大,或断面形状并非固定的成型件,不可能一次制作成型,可以将挤压出来或刮制出来的成型件用软化的油泥粘贴拼接起来,然后用刮刀修整成需要的形状。

对于有拐角的成型件,可以将两条油泥交差叠起,然后用钢刮片切断。如果成型件太厚,要将上面一条油泥垫平,以免切割时产生变形。

待油泥基本成型完成后,用刀切割出需要的长度,然后用刮片铲起,将背面用刀划上网状刀痕,用松节油细心地粘贴在模型相应的位置,再用刮刀光顺。

(4)分型线的制作

分型线是在油泥模型中出现最多的细节,主要是对各活动部件分块,通过制作一个小线槽来表达各部件之间的分界线。

如图 2.62 所示,先用胶带贴在模型的分型线分界两边边缘的任何一边(留出线缝的宽度),以胶带为导向,用三角刮刀沿胶带勾刻出线槽,再用适当宽度的单头导缝槽刀光顺。

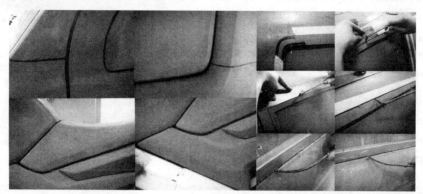

图 2.62 分型线的制作

或直接用单头导缝槽刀沿胶带勾刻出线槽,然后取掉胶带,用丝刀和刮片对勾刻出的线槽和模型表面进行最后的平顺和光顺。

有时候分型线边缘位置还有一些转折细节变化,在勾刻出线槽后,可先在转折边缘贴上胶带,用刮刀沿胶带刮出转折面,然后再用刮片光顺模型表面。

(5)内凹区域的制作

制作油泥模型时,经常会遇到一些内凹的区域,它既可以利用模板制作,也可以采用"目视"的方法来制作。如果这些部位有多个形状并且尺寸相对比较一致,则利用模板制作相对方便。

如图 2.63 所示,用模板制作内凹区域的方法与制作成型件的原理一样,需要制作相应形态的断面模板(片),所不同的是内凹区域是用模板(片)直接在模型上制作。

模板(片)一般要制作两块,一块为限定内凹的边缘区域的凹形模片,最好是用 0.5mm 左右厚的塑料薄膜片。另一块是内凹区域断面形态的凸形模板,可用塑料片或三层板制作。

要将刮制区域位置标注在模型上,然后把凹形模片准确地粘贴在相应位置上,粘贴方法与制作侧窗相同。用模板刮制前,先将区域的硬油泥刮掉,再填敷上软油泥,这样刮制时更加容易。

然后再以贴在模型上的凹形模片为导向和界限,滑动凸形模板,刮制出内凹区域形态。最后取掉模片,

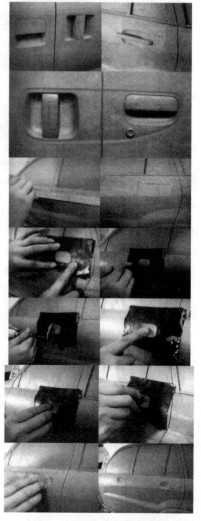

图 2.63 内凹区域的制作

用丝刀对边缘细部进行修整。

纯粹采用"目视"的方法制作，先将胶带粘贴在内凹区域的四周，留出要刮制的部分，然后用刀挖出内凹区域的大致形态，最后用丝刀等特殊形态的刮刀，通过"目视"刮制内凹区域形状。取掉胶带后需对边缘细部进行修整，便可完成。

（6）凹槽与安装孔的制作

① 凹槽与安装孔也是油泥模型制作时经常遇见的。凹槽主要是一些如进气口或散热罩之类的，如图 2.64 所示。在制作时可采用胶带来确定其位置，然后用"目视"的方法刮制，制作方法如图 2.65 所示。

图 2.64　进气口或散热罩模型

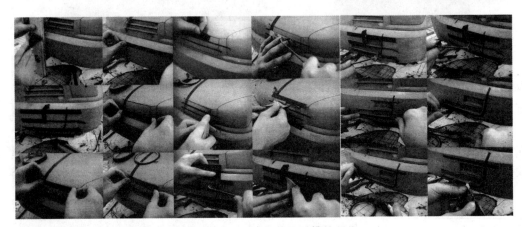

图 2.65　进气口或散热罩凹槽的制作

根据图纸测量出凹槽的边缘位置，用与凹槽要挖去的部分相同宽度的胶带粘贴出界限（或留下的部分），再紧靠前一条胶带粘贴出留下的部分（或挖去的部分）。

去掉挖去的部分的胶带，然后沿胶带边缘先划出要挖去部分的界限，再用刀去掉凹槽部分的油泥，得到凹槽的大致形状。

用三角刮刀对凹槽的边缘进行修整。如果凹槽的边缘有斜边的造型，在凹槽的大致形状刮制好后，根据斜边的宽度粘贴胶带，然后再刮制。

② 安装孔以在摩托车上为多，如螺丝孔、油箱盖等。安装孔既是为了让模型最后的效果看上去更加逼真，同时也是为模型最终的翻制和数据制作提供安装点的保证。

首先用刀具借助模板或工具在油泥表面画出孔位和形状，再用修整刀沿边缘掏空，最后用丝刀等工具修整孔沿，制作方法如图 2.66 所示。

如果是圆孔，也可以直接选用宽度合适的丝刀或其他工具进行旋转挖孔掏空。当然，这必须是在掌握了一定技巧的基础上。像有的螺栓孔，还可以用螺栓扳手直接制作。

7. 后期处理

事实上，油泥模型做完以后，就已经可以拿它来评价形态和进行三维扫描采集数据了。后期处理是为了追求真实和完美的展示效果。故选择某种后期处理方法，需要根据你想要做的事情来确定。例如，你正在为参加汽、摩展览做准备，那么你需要一个看起来

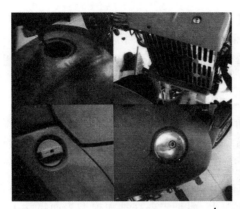

图 2.66　螺丝孔、油箱盖的制作

与真车一样的效果。

在这里有一点要说明,由于后期处理涉及的工作范围太多,本书无法在这短短的一章里让你了解各种不同的制作工艺和方法。而且,有些方法已不属于油泥模型制作的范畴,它已经涉及其他有关材料的问题。

(1)彩色贴膜

如果你的油泥模型除了用来展示和评价外,还要用它来采集数据,那么你可以选择彩色贴膜的方法。采用彩色贴膜的方法,既有真实和完美的展示效果,又不会破坏你的油泥模型,使其始终保持细节的完整。

如图 2.67 所示,彩色贴膜是在油泥表面均匀地贴上一层专用的塑料薄膜,可以使模型表现出非常真实的效果,是油泥模型表面装饰中速度较快、效果较好的处理方法。

但彩色黏膜价格昂贵,薄膜本身的质量也会影响模型的最终效果。而且薄膜不会增加模型强度,不宜随意搬动。后期处理的许多技术条件限制了模型的用途。

图 2.67　彩色贴膜

由于贴上的彩色薄膜本身薄而柔软,因此它对油泥模型的精度要求很高。有关贴膜材料的知识和油泥模型的精度要求,请参看本章"精刮油泥"的内容。

实际上贴膜并不是那么容易的事情,如果你从来没有亲自做过,也没有看过别人做过这些工作,最好是请个高手帮助你。

(2)喷涂装饰

如果是参加展览不需要过多搬动,而且模型体量也不大,那么你可以选择喷涂装饰的方法。喷涂后的模型效果看起来和实际产品一样,非常逼真,表面有一定强度,光洁度也较好,也是油泥模型后期处理常用的方法。

如图2.68所示,喷涂装饰也是直接在油泥模型上进行的装饰处理方法,不需要翻模。但并不是直接将漆料喷涂在模型的油泥上,而是先要在油泥模型表面喷涂上腻子,打磨平整后,再采用自干喷漆喷制。喷涂装饰最重要的是腻子不是刮上去的,而是喷涂上去的,这就需要有一定的经验和具有专业的工具,否则很难喷出逼真的效果来。所以,明智的选择是寻找一家汽车维修店或专业的喷漆店帮你完成此项工作。

另外,自干喷漆的色彩和亮度是无法与真正的汽车喷漆相比的,在制作大型产品模型(特别是交通工具)时一般不使用。

特别要提醒的是,由于油泥在其中,故只能使用自干喷漆,而不能使用需烘烤后才能固化的喷漆。模型体量重,表面脆性大,要小心轻放。

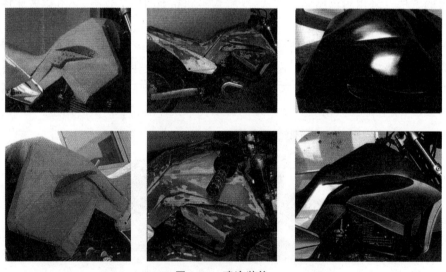

图2.68 喷涂装饰

(3)玻璃钢翻制

如果参加展览的模型需要多次搬动和运输,模型体量也较大,那么你可以选择把油泥模型翻制成玻璃钢模型,然后采用自干喷漆或烤漆进行喷涂装饰。这样做出来的模型看起来也非常逼真,效果和真实产品一样。在国内的汽、摩展览会上,经常会看到的许多开发的新型汽车、摩托车的样车产品往往都是用玻璃钢材料制造的。用这种方法处理的模型强硬度高,保存寿命长,重量轻,便于搬动和运输,制作成本不高,而且可以复制多个同样的模型。所以,翻制玻璃钢模型,也是油泥模型后期处理常用的方法。

但是,如图 2.69 所示,翻制玻璃钢的过程是一项比较复杂而繁重的工作,包括像翻制模子、裱糊玻璃钢、打磨、喷漆或烤漆等之类。有些工作你可以做,有些工作你还必须得依靠别人来做。

图 2.69 玻璃钢翻制

烤漆虽然在过程和方法上可以借鉴喷漆,但是烤漆必须要有专门的烘房。这些不是你自己所能办到的。你必须要去找一家专门的烤漆厂,或能够做烤漆的汽车修理厂才能完成。这也是为什么建议你把这些工作留给你当地的专业公司或专业人员去做的原因。另外要注意的是,在"厂家"烤漆时往往是和别的产品一起烤,而玻璃钢烤漆的温度不能太高,一般为 80℃ 左右。太高会造成玻璃钢变形和漆表团起泡。

8. 零部件的模型制作

油泥模型的某些部件和零部件一般划归为附件,如轮胎、车灯、后视镜等,如图 2.70 所示。在制作油泥模型时,要预留出它们的位置,待模型完成后再装配上去。

图 2.70 零部件的模型

制作附件的方法有很多,可以用油泥来制作,也可以选择其他材料,如塑料和木材等。一来成本相对较低,二来加工制作较方便。像金属材料,大多数时候必须借助机器设备来加工处理。

(1)制作轮胎

如果是全尺寸模型,一般都是真家伙,你完全有可能借用现成的部件。如果是缩比模型,就需要你专门加工制作,完成后再装配到模型上去。你可以像前述"后期处理"中介绍的方法一样,选择用油泥制作。你只需要制作完成一个,然后用玻璃钢翻制出多个,打磨好后喷漆或烤漆,如图 2.71 所示。

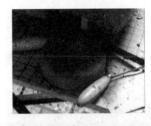

图 2.71　油泥制作轮胎

你也可以选择用 ABS 或有机塑料板来做,用模型雕刻机雕刻出来。你只需要用 AutoCAD 或 Rhino 软件(目前雕刻机能够兼容的软件)建立轮胎的三维数据,输入雕刻机就可以了。

如果 ABS 塑料板厚度不够,或你需要两面雕刻,也没有关系,你就按轮胎厚度(或按板厚)分层建立三维数据,分别做好后粘合起来即可。

你还可以选择木材来制作轮胎。先用专用车床加工出基本大形,然后用手工电动工具制作细节,或打印出轮毂细节粘贴上去。

如果你既不用雕刻机,也不用车床加工,可以将尺寸复制在木板或塑料板上,用曲线锯切割下来。如果厚度不够,也可分层制作再粘合起来,再用锉子打磨成型,粘贴上打印出的轮毂细节。

(2)制作车灯与后视镜

在多数情况下,车灯是随油泥模型的制作而同时在模型上直接完成的。如果模型需要做后期翻制等处理,你可以找现成的车灯代替,如果现成车灯没有合适的,就需要你用其他材料来专门制作了。制作后视镜的方法与成型件制作基本相同,此处不再赘述,实物展示如图 2.72 所示。

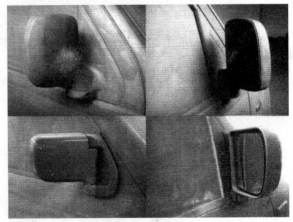

图 2.72　后视镜模型实物展示

第三章　CAD/CAM 首版制作

第一节　CAD/CAM 技术介绍

CAD/CAM 技术是目前工业设计产品首版制作行业最常用的技术。CAD/CAM 技术主要包括 CAD 建模和 CAM 集成数控编程加工系统。

一、CAD 建模

1. 概念

CAD(Computer Aided Design)即计算机辅助设计,是指工程技术人员在人和计算机组成的系统中,以计算机为工具,辅助人类完成产品的设计、分析、绘图等工作,并达到提高产品设计质量、缩短产品开发周期、降低产品成本的目的。CAD 建模技术就是研究产品数据模型在计算机内部的建立方法、过程及采用的数据结构和算法。

对于现实世界中的物体,从人们的想象出发,到完成它在计算机内部表示的这一过程称之为建模。计算机内部表示及建模技术是 CAD/CAM 系统的核心技术。建模首先是得到一种想象模型,表示了用户所理解的客观事物及事物之间的关系,然后将这种想象模型以一定的格式转换成符号或算法表示的形式,即形成产品信息模型,它表示了信息类型和信息间的逻辑关系。最后形成计算机内部存储模型,这是一种数据模型,即产品数据模型。因此,产品建模过程的实质就是一个描述、处理、存储、表达现实世界中的产品,并将工程信息数字化的过程。

2. 分类

产品数据模型的建模方法中目前最常用的是三维几何建模和特征建模。

(1) 三维几何建模

三维几何建模,包括曲面建模(Surface Modelling)技术和实体建模(Solid Modelling)技术。曲面建模主要采用 Bezier 曲线、B 样条曲线、NURBS 曲线等生成曲面。实体建模技术是 20 世纪 70 年代后期、80 年代初期逐渐发展完善并推向市场的,目前已成为 CAD/CAM技术发展的主流。实体建模是利用一些基本体素,如长方体、圆柱体、球体、锥体、圆环体及扫描体等通过集合运算生成复杂形体的一种建模技术,主要包括体素的定义描述和体素之间的布尔运算(并、交、差)等两部分内容。

(2) 特征建模

特征建模技术,是 CAD/CAM 系统发展的新里程碑。除了包含零件的基本几何信息外,它还包含了设计制造等过程所需要的一些非几何信息,如材料信息、尺寸、形状公差信息、热处理及表面粗糙度信息、刀具信息等。因此,它是更高层次上对几何形体上的凹腔、

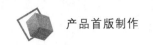

孔、槽等的集成描述。目前,国内外的大多数特征建模系统都建立在原有三维实体建模系统的基础上,将几何信息与非几何信息描述集中在一个统一的模型中,设计时将特征库中预定义的特征实例化,并作为建模的基本单元实现产品建模。

3. 作用

运用 CAD/CAM 建模技术生成的产品数据模型在外观效果、内部机构和机电操作性能都力求与成品一致。除精确体现产品外观特征和内部结构外,有些还必须具有实际操作使用的功能,以检验产品结构、技术性能、工艺条件和人机关系等。

二、CAM 集成数控编程加工系统

1. 概念

CAM(Computer Aided Manufacturing)即计算机辅助制造,有广义和狭义两种定义。广义 CAM 是指利用计算机辅助完成从生产准备到产品制造整个过程的活动,包括工艺过程设计、工装设计、NC 自动编程、生产作业计划、生产控制、质量控制等;狭义 CAM 通常是指由 CNC 数控机床执行的 NC 程序编制,包括刀具路径规划、刀位文件生成、刀具轨迹仿真及 NC 代码生成等。在产品首版制作中所用到的 CAM 技术,主要是指狭义的CAM 技术。

CAM 集成数控编程加工系统中的重要内容之一就是数控自动编程系统与 CAD 集成,其基本任务就是要实现 CAD 和数控编程之间信息的顺畅传递、交换和共享。数控自动编程与 CAD 集成,可以直接从产品的数字定义提取零件的设计信息,包括零件的几何信息和拓扑信息。最后,CAM 系统帮助产品制造工程师完成被加工零件的形面定义、刀具选择、加工参数设定、刀具轨迹计算、数控加工程序自动生成、加工模拟等数控编程的整个过程。

一个典型的 CAM 集成数控编程系统,其数控加工编程模块,一般应具备编程功能、刀具轨迹计算方法、刀具轨迹编辑功能、刀具轨迹验证功能。加工的产品模型力求与成品一致,因而在选用材料、结构方式、工艺方法等方面都应以批量生产要求为依据。数控加工的产品模型外观精美、精度高、表面质量好,适合各种复杂零件的制作装配及验证结构。并且,材料选择范围广泛,常用的 ABS、尼龙、透明亚克力等材料均可加工。

2. 步骤

为适应复杂形状零件的加工、多轴加工、高速加工,一般计算机辅助编程的步骤如下:

(1) 零件的几何建模

对于基于图纸以及型面特征点测量数据的复杂形状零件数控编程,其首要环节是建立被加工零件的几何模型。

(2) 加工方案与加工参数的合理选择

数控加工的效率与质量有赖于加工方案与加工参数的合理选择,其中刀具、刀轴控制方式,走刀路线和进给速度的优化选择,是满足加工要求、机床正常运行和刀具寿命的前提。

(3) 刀具轨迹生成

刀具轨迹生成是复杂形状零件数控加工中最重要的内容,能否生成有效的刀具轨迹直接决定了加工的可能性、质量与效率。刀具轨迹生成的首要目标是使所生成的刀具轨迹能满足无干涉、无碰撞、轨迹光滑、切削负荷光滑并满足要求、代码质量高。同时，刀具轨迹生成还应满足通用性好、稳定性好、编程效率高、代码量小等条件。

（4）数控加工仿真

由于零件形状的复杂多变及加工环境的复杂性，要确保所生成的加工程序不存在任何问题十分困难，其中最主要的是加工过程中的过切与欠切、机床各部件之间的干涉碰撞等。对于高速加工，这些问题常常是致命的。因此，实际加工前采取一定的措施对加工程序进行检验并修正是十分必要的。数控加工仿真通过软件模拟加工环境、刀具路径与材料切除过程来检验并优化加工程序，具有柔性好、成本低、效率高且安全可靠等特点，是提高编程效率与质量的重要措施。

（5）后置处理

后置处理是数控加工编程技术的一个重要内容，它将通用前置处理生成的刀位数据转换成适合于具体机床数据的数控加工程序。其技术内容包括机床运动学建模与求解、机床结构误差补偿、机床运动非线性误差校核修正、机床运动的平稳性校核修正、进给速度校核修正及代码转换等。因此，后置处理对于保证加工质量、效率与机床可靠运行具有重要作用。

三、CAD/CAM 技术特点

1. 相关性、并行协作

一个完全集成的 CAD/CAM 软件，能辅助工程师从概念设计到功能工程分析再到制造的整个产品开发过程，如图 3.1 所示。

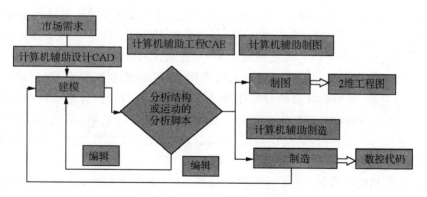

图 3.1　CAD/CAM 工作流程

（1）相关性

通过应用主模型方法，使从设计到制造的所有应用相关联，如图 3.2 所示。

（2）并行协作

通过使用主模型、产品数据管理 PDM、产品可视化（PV）以及杠杆运用 Internet 技术，运用 CAD、CAE、CAPP、CAM 等各种功能支持扩展企业范围的并行协作，如图 3.3 所示。

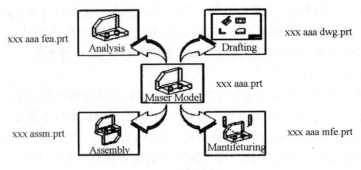

图 3.2 主模型方法

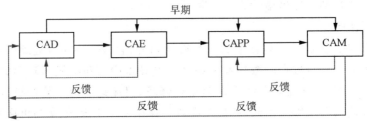

图 3.3 并行协作

四、CAD/CAM 技术的发展趋势

1. 集成化

集成化是 CAD/CAM 技术发展的一个最为显著的趋势。它是指把 CAD、CAE、CAPP、CAM 以至 PPC(生产计划与控制)等各种功能不同的软件有机地结合起来,用统一的执行控制程序来组织各种信息的提取、交换、共享和处理,保证系统内部信息流的畅通并协调各个系统有效地运行。国内外大量的经验表明,CAD 系统的效益往往不是从其本身,而是通过 CAM 和 PPC 系统体现出来;反过来,CAM 系统如果没有 CAD 系统的支持,花费巨资引进的设备往往很难得到有效利用;PPC 系统如果没有 CAD 和 CAM 的支持,既得不到完整、及时和准确的数据作为计划的依据,制订出的计划也较难贯彻执行,所谓的生产计划和控制将得不到实际效益。因此,人们着手将 CAD、CAE、CAPP、CAM 和 PPC 等系统有机地、统一地集成在一起,从而消除"自动化孤岛",取得最佳的效益。

2. 网络化

21 世纪网络将全球化,制造业也将全球化,从获取需求信息,到产品分析设计、选购原/辅材料和零部件、进行加工制造,直至营销,整个生产过程也将全球化。CAD/CAM 系统的网络化是指它是使设计人员对产品方案在费用、流动时间和功能上并行处理的并行化产品设计应用系统;能提供产品、进程和整个企业性能仿真、建模和分析技术的拟实制造系统;能开发自动化系统,产生和优化工作计划和车间级控制,支持敏捷制造的制造计划和控制应用系统;对生产过程中的物流能进行管理的物料管理应用系统等。

3. 智能化

人工智能在 CAD 中的应用主要集中在知识工程的引入,发展专家 CAD 系统。专家系统具有逻辑推理和决策判断能力。它将许多实例和有关专业范围内的经验、准则结合在一起，给设计者更全面、更可靠的指导。应用这些实例和启发准则，根据设计的目标不断缩小探索的范围，使问题得到解决。

第二节　数控加工基础知识

一、认识数控机床

数控机床是 CAD/CAM 技术实施所必备的一种高效能自动化加工设备，主要具有如下特点：①适应性强；②精度高，质量稳定；③生产率高；④能完成复杂型面的加工；⑤减轻劳动强度，改善劳动条件；⑥有利于生产管理。

数控机床主要由输入/输出装置、计算机数控装置、伺服系统和受控设备等四部分组成，如图 3.4 所示。

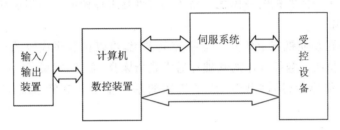

图 3.4　数控机床的组成与工作原理

数控机床的主要工作原理是将我们所需要加工的零件模型通过输入装置输入数控机床，通过数控装置转换为 CNC 的程序命令，传达到机床伺服系统，通过机床受控设备开始加工零件。在加工过程中，受控设备将命令转达给数控装置，通过输出装置，让操作者了解整个加工的情况，从而使人能够操纵机器进行零部件加工。

二、数控机床的种类

1. 按运动方式分类

（1）点位控制数控机床

如图 3.5 所示，数控系统只控制刀具从一点到另一点的准确位置，而不控制运动轨迹，各坐标轴之间的运动是不相关的，在移动过程中不对工件进行加工。这类数控机床主要有数控钻床、数控坐标镗床、数控冲床等。

图 3.5　点位控制

（2）直线控制数控机床

如图 3.6 所示，数控系统除了控制点与点之间的准确位置外，还要保证两点间的移动轨迹为一直线，并且对移动速度也要进行控制，也称点位直线控制。这类数控机床主要有比较简单的数控车床、数控铣床、数控磨床等。单纯用于直线控制的数控机床已不多见。

图 3.6　直线控制

（3）轮廓控制数控机床

如图 3.7 所示,轮廓控制的特点是能够对两个或两个以上的运动坐标的位移和速度同时进行连续相关的控制,它不仅要控制机床移动部件的起点与终点坐标,而且要控制整个加工过程的每一点的速度、方向和位移量,也称为连续控制数控机床。这类数控机床主要有数控车床、数控铣床、数控线切割机床、加工中心等。

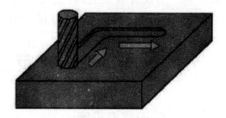

图 3.7 轮廓控制

2. 按工艺用途分类

（1）数控车床

数控车床,即计算机数字控制车床,又称为 CNC 车床,是我国使用量最大、覆盖面最广的一种数控机床,约占数控机床总数的 25%。它是集机械、电气、液压、气动、微电子和信息等多项技术为一体的机电一体化产品。其特点是工件做回旋切削运动。

（2）数控铣床

数控铣床是在普通铣床上集成了数字控制系统,可以在程序代码的控制下较精确地进行铣削加工的机床。数控铣床的基础件通常是指床身、立柱、横梁、工作台、底座等结构件,其尺寸较大（俗称大件）,"井"构成了机床的基本框架。其特点是刀具做回旋切削运动。

（3）数控加工中心

数控加工中心是从数控铣床发展而来的,集铣削、钻削、铰削、镗削及螺纹切削等工艺于一体,集成化的数控铣床。它与数控铣床的最大区别在于加工中心具有自动交换加工刀具的能力,通过在刀库上安装不同用途的刀具,可在一次装夹中通过自动换刀装置改变主轴上的加工刀具,实现多种加工功能。

（4）数控电火花线切割机床

数控电火花线切割机床是利用电火花原理,将工件与加工工具作为极性不同的两个电极,作为工具电极的金属丝（铜丝或钼丝）穿过工件,由计算机按预定的轨迹控制工件的运动,通过两电极间的放电蚀除材料来进行切割加工的一种新型机床。它的特点是利用电极间隙脉冲放电产生的局部高温实现加工。

三、数控车床

1. 分类

（1）按数控车床的主轴位置分类

①立式数控车床,简称为数控立车,如图 3.8（a）所示。其车床主轴垂直于水平面,一个直径很大的圆形工作台,用来装夹工件。这类机床主要用于加工径向尺寸大、轴向尺寸相对较小的大型复杂零件。

②卧式数控车床,如图 3.8（b）所示。其倾斜导轨结构可以使车床具有更大的刚性,并易于排除切屑。

③数控专用车床,如数控凸轮车床、数控曲轴车床[图 3.8（c）]、数控丝杠车床等。

（a）立式数控车床　　　（b）卧式数控车床　　　（c）数控曲轴车床

图 3.8　数控车床主要分类

（2）按照数控车床所加工零件的复杂程度分类

①经济型数控车床，采用步进电动机和单片机对普通车床的进给系统进行改造后形成的简易型数控车床，成本较低，但自动化程度和功能都比较差，车削加工精度也不高，适用于要求不高的回转类零件的车削加工。

②普通数控车床，根据车削加工要求在结构上进行专门设计并配备通用数控系统而形成的数控车床，数控系统功能强，自动化程度和加工精度也比较高，适用于一般回转类零件的车削加工。这种数控车床可同时控制两个坐标轴，即 X 轴和 Z 轴。

③车削加工中心，在普通数控车床的基础上，如图 3.9 所示增加了 C 轴和动力头，更高级的数控车床带有刀库，可控制 X、Z 和 C 三个坐标轴，联动控制轴可以是（X、Z）、（X、C）或（Z、C）。由于增加了 C 轴和铣削动力头，这种数控车床的加工功能大大增强，除可以进行一般车削外，还可以进行径向和轴向铣削、曲面铣削、中心线不在零件回转中心的孔和径向孔的钻削等加工。

图 3.9　车削加工中心的坐标轴

2. 数控车床的加工对象

数控车床比较适合于车削具有以下要求和特点的回转体零件，如图 3.10 所示。

（1）精度要求高的回转体零件

由于数控车床的刚性好，制造和对刀精度高，以及能方便和精确地进行人工补偿甚至自动补偿，所以它能够加工尺寸精度要求高的零件。在有些场合可以以车代磨。此外，由于数控车削时刀具运动是通过高精度插补运算和伺服驱动来实现的，再加上机床的刚性好和制造精度高，所以它能加工对母线直线度、圆度、圆柱度要求高的零件。

图 3.10　数控车床的加工对象

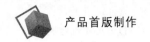

（2）轮廓形状复杂的回转体零件

数控车床具有圆弧插补功能，所以可直接使用圆弧指令来加工圆弧轮廓。数控车床也可加工由任意平面曲线所组成的轮廓回转零件，既能加工可用方程描述的曲线，也能加工列表曲线。如果说车削圆柱零件和圆锥零件既可选用传统车床也可选用数控车床，那么车削复杂转体零件就只能使用数控车床。

（3）一些带特殊类型螺纹的零件

传统车床所能切削的螺纹相当有限，它只能加工等节距的直、锥面公、英制螺纹，而且一台车床只限定加工若干种节距。数控车床不但能加工任何等节距直、锥面，公、英制和端面螺纹，而且能加工增节距、减节距，以及要求等节距、变节距之间平滑过渡的螺纹。数控车床加工螺纹时主轴转向不必像传统车床那样交替变换，它可以一刀又一刀不停顿地循环，直至完成，所以它车削螺纹的效率很高。数控车床还配有精密螺纹切削功能，再加上一般采用硬质合金成型刀片，以及可以使用较高的转速，所以车削出来的螺纹精度高、表面粗糙度小。可以说，包括丝杠在内的螺纹零件很适合于在数控车床上加工。

四、数控铣床

数控铣床是一种加工功能很强的数控机床，目前迅速发展起来的加工中心、柔性加工单元等都是在数控铣床、数控镗床的基础上产生的，两者都离不开铣削方式。由于数控铣削工艺最复杂，需要解决的技术问题也最多，因此人们在研究和开发数控系统及自动编程语言的软件系统时，也一直把铣削加工作为重点。

1. 分类

（1）按主轴的位置分类

①数控立式铣床如图 3.11 所示，数控立式铣床在数量上一直占据数控铣床的大多数，应用范围也最广。从机床数控系统控制的坐标数量来看，目前 3 坐标数控立铣仍占大多数；一般可进行 3 坐标联动加工，但也有部分机床只能进行 3 个坐标中的任意 2 个坐标联动加工（常称为 2.5 坐标加工）。此外，还有机床主轴可以绕 X、Y、Z 坐标轴中的其中 1 个或 2 个轴做数控摆角运动的 4 坐标和 5 坐标数控立铣。

②卧式数控铣床如图 3.12 所示，与通用卧式铣床相同，其主轴轴线平行于水平面。为

图 3.11 立式数控铣床

图 3.12 卧式数控铣床

了扩大加工范围和扩充功能,卧式数控铣床通常采用增加数控转盘或万能数控转盘来实现 4 坐标式 5 坐标加工。这样,不但可以加工出工件侧面上的连续回转轮廓,而且可以实现在一次安装中通过转盘改变工位进行"四面加工"。

③立卧两用数控铣床如图 3.13 所示,目前这类数控铣床已不多见,由于这类铣床的主轴方向可以更换,能达到在一台机床上既可以进行立式加工,又可以进行卧式加工,而同时具备上述两类机床的功能,其使用范围更广,功能更全,选择加工对象的余地更大,且给用户带来不少方便。特别是生产批量小,品种较多,又需要立、卧两种方式加工时,用户只需购买一台这样的机床就行了。

图 3.13　立卧两用数控铣床

(2) 按构造上分类

①工作台升降式数控铣床,这类数控铣床采用工作台移动、升降,而主轴不动的方式。小型数控铣床一般采用此种方式。

②主轴头升降式数控铣床,这类数控铣床采用工作台纵向和横向移动,且主轴沿垂向溜板上下运动。主轴头升降式数控铣床在精度保持、承载重量、系统构成等方面具有很多优点,已成为数控铣床的主流。

③龙门式数控铣床如图 3.14 所示,这类数控铣床主轴可以在龙门架的横向与垂向溜板上运动,而龙门架则沿床身做纵向运动。大型数控铣床,因要考虑扩大行程、缩小占地面积及刚性等技术上的问题,往往采用龙门架移动式。

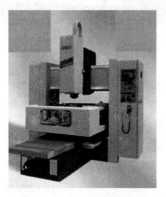

图 3.14　龙门式数控铣床

图 3.15　平面类零件

2. 主要加工对象

数控铣床主要用来对工件进行铣削加工,也可以对工件进行钻、扩、铰、锪和镗孔加工与攻丝等,具体主要分为以下几种。

(1) 平面类零件

加工面平行、垂直于水平面或其加工面与水平面的夹角为定角的零件称为平面类零件。

如图 3.15 所示,目前在数控铣床上加工的绝大多数零件属于平面类零件。平面类零件的特点是,各个加工单元面是平面,或可以展开成为平面。平面类零件是数控铣削加工对象中最简单的一类,一般只需用 3 坐标数控铣床的 2 坐标联动就可以把它们加工出来。

(2) 变斜角类零件

如图 3.16 所示,加工面与水平面的夹角呈连续变化的零件称为变斜角类零件。这类零件多数为飞机零件,如飞机上的整体梁、框、椽条与肋等,此外还有检验夹具与装配型架等。变斜角类零件的变斜角加工面不能展开为平面,但在加工中,加工面与铣刀圆周接触的瞬间为一条直线。最好采用 4 坐标和 5 坐标数控铣床摆角加工,在没有上述机床时,也可在 3 坐标数控铣床上进行 2.5 坐标近似加工。

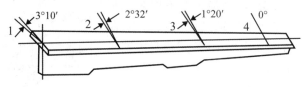

图 3.16　变斜角类零件

(3) 曲面类(立体类)零件

加工面为空间曲面的零件称为曲面类零件。

如图 3.17 所示,零件的特点其一是加工面不能展开为平面;其二是加工面与铣刀始终为点接触。此类零件一般采用 3 坐标数控铣床。

3. 数控加工中心

数控加工中心是带有刀库和自动换刀装置的数控铣床,是由机械设备与数控系统组成的适用于加工复杂零件的高效率自动化机床。具有数控铣、镗、钻的综合功能,自动换刀数控机床多采用刀库式自动换刀装置。数控加工中心是目前世界上产量最高、应用最广泛的数控机床之

图 3.17　曲面类零件

一。它的综合加工能力较强,工件一次装夹后能完成较多的加工内容,加工精度较高,就中等加工难度的批量工件,其效率是普通设备的 5～10 倍,特别是它能完成许多普通设备不能完成的加工,对形状较复杂,精度要求高的单件加工或中小批量多品种生产更为适用。它把铣削、镗削、钻削、攻螺纹和切削螺纹等功能集中在一台设备上,使其具有多种工艺手段。加工中心按照主轴加工时的空间位置分类有卧式加工中心和立式加工中心;按工艺用途分类有镗铣加工中心和复合加工中心;按功能特殊分类有单工作台加工中心、双工作台加工中心和多工作台加工中心。

五、数控电火花线切割机床

数控电火花线切割机床是利用电火花原理,将工件与加工工具当作极性不同的两个电极,作为工具电极的金属丝(铜丝或钼丝)穿过工件,由计算机按预定的轨迹控制工件的运动,通过两电极间的放电蚀除材料来进行切割加工的一种新型机床。数控电火花线切割机床主要用于对各类模具、电极、精密零部件制造,硬质合金、淬火钢、石墨、铝合金、结构钢、不锈钢、钛合金、金刚石等各种导电体的复杂型腔和曲面形体加工。

1. 分类

线切割机床一般按照电极丝运动速度分为快走丝线切割机床和慢走丝线切割机床。快走丝线切割机床业已成为我国特有的线切割机床品种和加工模式,应用广泛;慢走丝线切割机床是国外生产和使用的主流机种,属于精密加工设备,代表着线切割机床的发展方向。

线切割机床可按电极丝位置分为立式线切割机床和卧式线切割机床,按工作液供给方式分为冲液式线切割机床和浸液式线切割机床。

2. 工作原理

如图3.18所示为其基本工作原理。工件装夹在机床的坐标工作台上,作为工件电极,接脉冲电源的正极;采用细金属丝作为工具电极,称为电极丝,接入负极。若在两电极间施加脉冲电压,不断喷注具有一定绝缘性能的水质工作液,并由伺服电机驱动坐标工作台按预先编制的数控加工程序沿X、Y两个坐标方向移动,则当两电极间的距离小到一定程度时,工作液被脉冲电压击穿,引发火花放电,蚀除工件材料。控制两电极间始终维持一定的放电间隙,并使电极丝沿其轴向以一定速度做走丝运动,避免电极丝因放电总发生在局部位置而被烧断,即可实现电极丝沿工件预定轨迹边蚀除边进给,逐步将工件切割加工成型。

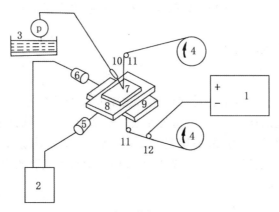

图3.18　数控电火花切割加工工作原理

1-脉冲电源　2-控制装置　3-工作液箱　4-走丝机构　5、6-伺服电机
7-工件　8、9-坐标工作台　10-喷嘴　11-电极丝导向器　12-电源进电柱

3. 加工范围

数控线电火花切割机床的加工范围主要包括:

(1) 加工模具

适用于加工各种形状的冲模、注塑模、挤压模、粉末冶金模、弯曲模等。

(2) 加工电火花成型加工用的电极

一般穿孔加工用、带锥度型腔加工用及微细复杂形状的电极,以及铜钨、银钨合金之类的电极材料,用线切割加工特别经济。

(3) 加工零件

可用于加工材料试验样件、各种型孔、特殊齿轮凸轮、样板、成型刀具等复杂形状零件及高硬材料的零件,可进行微细结构、异形槽和标准缺陷的加工;试制新产品时,可在坯料

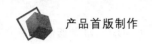
上直接割出零件;加工薄件时可多片叠放在一起加工。图 3.19 为数控线切割加工出的多种表面和零件。

（a）各种形状孔及键槽

（b）齿轮内外齿形　　　　　（c）狭长冲模　　　（d）斜直纹表面曲面体

（e）各种平面图形

图 3.19　数控线电火花切割加工的范围

六、数控机床的发展方向

1. 高速切削

受高生产率的驱使,高速化已是现代机床技术发展的重要方向之一。高速切削可通过高速运算技术、快速插补运算技术、超高速通信技术和高速主轴技术等来实现。

高主轴转速可减少切削力,减小切削深度,有利于克服机床振动,传入零件中的热量大大减低,排屑加快,热变形减小,加工精度和表面质量得到显著改善。因此,经高速加工的工件一般不需要精加工。

2. 高精度控制

高精度化一直是数控机床技术发展追求的目标,包括机床制造的几何精度和机床使用的加工精度控制两方面。

提高机床的加工精度,一般是通过减少数控系统误差,提高数控机床基础大件结构特性和热稳定性,采用补偿技术和辅助措施来达到的。目前精整加工精度已提高到 $0.1~\mu m$,并进入了亚微米级,不久超精密加工将进入纳米时代(加工精度达 $0.001\mu m$)。

3. 高柔性化

柔性是指机床适应加工对象变化的能力。目前,在进一步提高单机柔性自动化加工的同时,正努力向单元柔性和系统柔性化发展。

数控系统在 21 世纪将具有最大限度的柔性,能实现多种用途。具体是指具有开放性体系结构,通过重构和编辑,视需要,系统的组成可大可小;功能可专用也可通用,功能价格比可调;可以集成用户的技术经验,形成专家系统。

4. 高一体化

CNC 系统与加工过程作为一个整体,实现机电光声综合控制,测量造型、加工一体化,加工、实时检测与修正一体化,机床主机设计与数控系统设计一体化。

5. 网络化

实现多种通信协议,既可满足单机需要,又能满足 FMS(柔性制造系统)、CIMS(计算机集成制造系统)对基层设备的要求。配置网络接口,通过 Internet 可实现远程监视和控制加工,进行远程检测和诊断,使维修变得简单。建立分布式网络化制造系统,可便于形成"全球制造"。

6. 智能化

21 世纪的 CNC 系统将是一个高度智能化的系统。具体是指系统应在局部或全部实现加工过程的自适应、自诊断和自调整;多媒体人机接口使用户操作简单,智能编程使编程更加直观,可使用自然语言编程;加工数据的自生成及智能数据库;智能监控;采用专家系统以降低对操作者的要求等。

第三节　数控加工计算机自动编程技术

一、概念

自动编程(Automatic Programming)是将输入计算机的零件设计和加工信息自动转换成为数控装置能够读取和执行的指令(或信息)。随着数控技术的发展,数控加工在机械制造业的应用日趋广泛,使数控加工方法的先进性和高效性与冗长复杂、效率低下的数控编程之间的矛盾更加尖锐,数控编程能力与生产不匹配的矛盾日益明显。如何有效地表达、高效地输入零件信息,实现数控编程的自动化,已成为数控加工中亟待解决的问题。计算机技术的逐步完善和发展,给数控技术带来了新的发展奇迹,其强大的计算功能,完善的图形处理能力都为数控编程的高效化、智能化提供了良好的开发平台。数控自动编程软件在强大的市场需求驱动下和软件业的激烈竞争中得到了很大的发展,功能不断得到更新与拓展,性能不断被完善提高。作为高科技转化为现实生产力的直接体现,数控自动编程已代替手工编程在数控机床中使用,发挥着越来越大的作用。

目前,CAD/CAM 图形交互式自动编程已得到较多的应用,是数控技术发展的新趋势。它是利用 CAD 绘制的零件加工图样,经计算机内的刀具轨迹数据进行计算和后置处理,从而自动生成数控机床零部件加工程序,以实现 CAD 与 CAM 的集成。随着 CIMS 技术的发展,当前又出现了 CAD/CAPP/CAM 集成的全自动编程方式,其编程所需的加工工艺参数不必由人工参与,直接从系统内的 CAPP 数据库获得,推动数控机床系统自动化的进一步发展。

特别是近年来随着计算机辅助设计与制造的发展,自动编程越来越受到重视。自动编程系统发展到今天,已经出现了品种繁多、功能各异的编程系统。从国际范围来看,使用较为普遍的系统主要有三种:数控语言编程系统;会话式编程系统;数控图形编程系统。

1. 数据语言编程系统

数控语言编程系统是用数控语言来编写零件加工的源程序,与其他类型的自动编程系统相比,它是迄今为止应用最广泛、功能最强、通用性最广、技术最成熟的系统。APT

是自动编程工具的简称,是对工件、刀具的几何形状及刀具相对于工件的运动等进行定义时所使用的一种接近英语符号的语言。把用 APT 语言书写的零件加工程序输入计算机,经计算机的 APT 语言编程系统编译产生刀位文件,然后进行数控加工后置处理,生成数控系统能接受的零件数控加工程序,称为 APT 语言自动编程。采用 APT 语言编制数控加工程序具有程序简练、走刀控制灵活等特点,使数控加工编程从面向机床指令的"汇编语言"级,上升到面向几何元素的点、线、面的高级语言级。由于计算机自动编程代替程序编制人员完成了繁琐的数值计算工作,并省去了编写程序单的工作量,因而可将编程效率提高数倍到数十倍,同时解决了手工编程中无法解决的许多复杂零件的编程问题。但 APT 仍有如下缺点与不足:零件的设计与加工之间是用图纸传递数据,阻碍了设计与制造的一体化;同时工艺过程规划需工艺人员完成,对用户的技术水平要求较高,既困难又容易出错;用 APT 语言描述零件模型一方面受语言描述能力的限制,另一方面也使 APT 系统几何定义过于庞大;APT 语言缺少对零件形状、刀具运动轨迹的直观图形显示和刀具轨迹的验证手段。这些缺点阻碍了编程效率和质量的进一步提高。

2. 会话式编程系统

为了克服数控语言编程系统的一些缺陷,在其基础上发展了会话式自动编程系统。以日本的 FAPT 为例,其会话式编程系统除了几何定义语句、刀具运动语句与原来的 APT 基本相同以外,由于增加了可以进行会话的命令,这样它不仅能处理原来的 APT 零件源程序,而且还具有以下功能:可以随时执行或暂停程序中的任意语句或语句组;可以随时变更零件源程序,如删去某些语句,修改或插入某些语句;对以前定义过的零件源程序的点或直线等数据,在以后的零件源程序中可以不再定义并加以使用;随时可打印或不打印程序单或某一中间处理结果,如点、直线、圆的数据等;随时可打印出面向图形特征的自动数控编程技术研究修改后的零件源程序单。但是,会话式编程系统也有其自身的缺点,主要是输入零件信息时要有一个将图纸信息进行转换的过程,这种转换过程由编程人员完成,因此容易产生人为错误。

3. 数控图形编程系统

数控图形编程系统是一种计算机辅助编程技术,它通过专用的计算机软件来实现。这种软件通常以 CAD 软件为基础,利用 CAD 软件的图形编辑功能,将零件的几何图形绘制到计算机上,形成零件的图形文件;然后调用数控编程模块,采用人机交互的方式在计算机屏幕上指定被加工的部位,再输入相应的加工工艺参数,计算机便可以自动进行必要的数学处理并编制出数控加工程序,同时在计算机屏幕上动态地显示刀具的加工轨迹。因为这种方法很大程度地减少了人为错误,很大程度地提高了编程效率和质量,被认为是目前效率较高的编程方法。更重要的是,由于图形编程系统是从加工零件图来生成数控加工指令单,而计算机辅助设计的结果是图形,故可利用 CAD 系统进行工件的设计,然后经过 CAPP 生成数控机床上使用的工序卡,即可生成数控加工指令单。很显然,这种编程方法具有速度快、精度高、直观性、使用简便、便于检查等优点,因此,"图形交互式自动编程"已经成为目前国内外先进的 CAD/CAM 软件所普遍采用的数控编程方法。日本 FANVC 公司在 FAPT 编程系统基础上开发了 SFAPT 系统。这种方法是在生产现场和数控装置上,利用数控装置的计算机、显示屏幕(CRT)和图形对话功能直接进行编程,故被称为图形人机对话编程系统。这种系统在数控车床、铣床上已有应用。我们以数控车床上的编程为例来说明这一方法和系统的概况：在数控系统上先用键盘输入被加工工件的毛坯图形和尺寸，在毛坯图形上绘出零件的图形和尺寸；选定并绘出机床坐标系、机床原点、工件坐标系、换刀位置并确定所用刀具；然后在零件图上显示加工部位，确定加工工序和给定所用切削工艺参数；最后在零件与毛坯图上选定走刀路线和走刀次数，系统据此进行必要的计算；根据给定的工序和走刀路线，可以对工序进行增删和编辑。这样，无须转换成程序介质，机床便能按上面所确定的加工工序、加工路线与工艺参数自动加工出所需要的零件。根据需要也可以将上述的程序与内容存储，以便保存或作为再次加工时输入之用。

二、步骤

为适应复杂形状零件的加工、多轴加工、高速加工，一般计算机自动编程的步骤如下：

1. 零件的几何建模

对于基于图纸及型面特征点测量数据的复杂形状零件数控编程，其首要环节是建立被加工零件的几何模型。

2. 加工方案与加工参数的合理选择

数控加工的效率与质量有赖于加工方案与加工参数的合理选择，其中刀具、刀轴控制方式、走刀路线和进给速度的优化选择是满足加工要求、机床正常运行和刀具寿命的前提。

3. 刀具轨迹生成

刀具轨迹生成是复杂形状零件数控加工中最重要的内容，能否生成有效的刀具轨迹直接决定了加工的可能性、质量与效率。刀具轨迹生成的首要目标是使所生成的刀具轨迹能满足无干涉、无碰撞、轨迹光滑、切削负荷光滑并满足要求、代码质量高。同时，刀具轨迹生成还应满足通用性好、稳定性好、编程效率高、代码量小等条件。

4. 数控加工仿真

由于零件形状的复杂多变以及加工环境的复杂性，要确保所生成的加工程序不存在任何问题是十分困难的，其中最主要的是加工过程中的过切与欠切、机床各部件之间的干涉碰撞等。对于高速加工，这些问题常常是致命的。因此，实际加工前采取一定的措施对加工程序进行检验并修正是十分必要的。数控加工仿真通过软件模拟加工环境、刀具路径与材料切除过程来检验并优化加工程序，具有柔性好、成本低、效率高且安全可靠等特点，是提高编程效率与质量的重要措施。

5. 后置处理

后置处理是数控加工编程技术的一个重要内容，它将通用前置处理生成的刀位数据转换成适合于具体机床数据的数控加工程序。其技术内容包括机床运动学建模与求解、机床结构误差补偿、机床运动非线性误差校核修正、机床运动的平稳性校核修正、进给速度校核修正及代码转换等。因此，后置处理对于保证加工质量、效率与机床可靠运行具有重要作用。

三、应用软件介绍

1. UGII CAD/CAM 系统

UGII 由美国 UGS(Unigraphics Solutions)公司开发经销，不仅具有复杂造型和数控加工的功能,还具有管理复杂产品装配,进行多种设计方案的对比分析和优化等功能。该软件具有较好的二次开发环境和数据交换能力。其庞大的模块群为企业提供了从产品设计、产品分析、加工装配、检验,到过程管理、虚拟运作等全系列的技术支持。由于软件运行对计算机的硬件配置有很高要求,其早期版本只能在小型机和工作站上使用。随着微机配置的不断升级,已开始在微机上使用。目前该软件在国际 CAD/CAM/CAE 市场上占有较大的份额。

UGII CAD/CAM 系统具有丰富的数控加工编程能力,是目前市场上数控加工编程能力最强的 CAD/CAM 集成系统之一,其功能包括:车削加工编程;型芯和型腔铣削加工编程;固定轴铣削加工编程;清根切削加工编程;可变轴铣削加工编程;顺序铣削加工编程;线切割加工编程;刀具轨迹编辑;刀具轨迹干涉处理;刀具轨迹验证、切削加工过程仿真与机床仿真。

2. Pro/Engineer

Pro/Engineer 是美国 PTC 公司研制和开发的软件,它开创了三维 CAD/CAM 参数化的先河。该软件具有基于特征、全参数、全相关和单一数据库的特点,可用于设计和加工复杂的零件。另外,它还具有零件装配、机构仿真、有限元分析、逆向工程、同步工程等功能,该软件也具有较好的二次开发环境和数据交换能力,Pro/Engineer 系统的核心技术具有以下特点:

(1) 基于特征

将某些具有代表性的平面几何形状定义为特征,并将其所有尺寸存为可变参数,进而形成实体,以此为基础进行更为复杂的几何形体的构建。

(2) 全尺寸约束

将形状和尺寸结合起来考虑,通过尺寸约束实现对几何形状的控制。

(3) 尺寸驱动设计修改

通过编辑尺寸数值可以改变几何形状。

(4) 全数据相关

尺寸参数的修改导致其他模块中的相关尺寸得以更新。如果要修改零件的形状,只需修改一下零件上的相关尺寸。

Pro/Engineer 已广泛应用于模具、工业设计、航天、玩具等行业,并在国际 CAD/CAM/CAE 市场上占有较大的份额。

3. CATIA

CATIA 是最早实现曲面造型的软件,它开创了三维设计的新时代,它的出现首次实现了计算机完整描述产品零件的主要信息,使 CAM 技术的开发有了现实基础。目前 CATIA 系统已发展成从产品设计、产品分析、加工、装配和检验,到过程管理、虚拟运作等众多功能的大型 CAD/CAM/CAE 软件。在 CATIA 中与制造相关的模块有:

(1) 制造基础框架

CATIA 制造基础框架是所有 CATIA 数控加工的基础,其中包含的 NC 工艺数据库存放所有刀具、刀具组件、机库、材料和切削状态等信息。该产品提供对走刀路径进行重放和验证的工具,用户可以通过图形化显示来检查和修改刀具轨迹,同时可以定义并管理机械加工的 CATIA NC 宏,并且建立和管理后处理代码和语法。

（2）2轴半加工编程器

CATIA 2轴半加工编程器专用于基本加工操作的 NC 编程功能。基于几何图形,用户通过查询工艺数据库,可建立加工操作。在工艺数据库中存放着公司专用的制造工艺环境。这样,机器、刀具、主轴转速、加工类型等加工要素可以得到定义。

（3）曲面加工编程器

CATIA 曲面加工编程器可让用户建立 3 轴铣加工的程序,将 CATIA NC 铣产品的技术与 CATIA 制造平台结合起来,这就可以存取制造库,并使机械加工标准化,这些都是在 CATIA 制造综合环境中进行的,该环境将有关零件、几何、毛坯、夹具、机床等参数信息结合起来,为公司机械加工提供了详细的描述。

（4）多轴加工编程器

CATIA 多轴加工编程器为 CATIA 数控编程提供了多轴编程功能,并采用 NCCS（数控计算机科学）的技术,以满足复杂 5 轴加工的需要。这些产品为从 2.5 轴到 5 轴铣加工和钻加工的复杂零件制造提供了解决方案。

（5）注模和压模加工辅助器

CATIA 注模和压模加工辅助编程将加工如注模和压模这样零件的数控编程自动化。这种方法简化了程序员的工作,系统可以自动生成 NC 文件。

（6）刀具库存取

CATIA 刀具库存取为用户提供一个实时环境,以运行和管理将 CATIA 刀具轨迹转换成机床 NC 代码文件所需的各种作业。用户可以编辑、拷贝、更名、删除和存储自己的 NC 文件。该程序可使用户检查批处理作业执行报告,改变作业执行的优先级,从作业队列中删除不需要的作业等。

4. Cimatron

Cimatron 是一个集成的 CAD/CAM 产品,在一个统一的系统环境下,使用统一的数据库,用户可以完成产品的结构设计、零件设计,输出设计图纸,可以根据零件的三维模型进行手工或自动的模具分模,再对凸、凹模进行自动的 NC 加工,输出加工的 NC 代码。

Cimatron 包括一套超强、卓越的,易于使用的 3D 设计工具。该工具融合了线框造型、曲面造型和实体造型,允许用户方便地处理获得的数据模型或进行产品的概念设计。在整个工具设计过程中,Cimatron 提供了一套集成的工具,帮助用户实现模具的分型设计、进行设计变更的分析与提交、生成模具滑块与嵌件、完成工具组件的详细设计和电极设计。

针对工具的制造过程,Cimatron 支持具有高速铣削功能的 2.5 轴至 5 轴铣削加工,基于毛坯残留知识的加工和自动化加工模板,大大减少了数控编程和加工的时间。

5. SolidWorks

SolidWorks 是由美国 SolidWorks 公司于 1995 年 11 月研制开发的基于 Windows 平台的全参数化特征造型的软件,是世界各地用户广泛使用,富有技术创新的软件系统,已经成为三维机械设计软件的标准。它可以十分方便地实现复杂的三维零件实体造型、复杂装配和生成工程图。图形界面友好,用户易学易用。SolidWorks 软件于 1996 年 8 月由生信国际有限公司正式引入中国以来,在机械行业获得普遍应用,目前用户已经扩大到30 多万个单位。

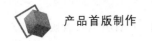

6. MasterCAM

MasterCAM 是由美国 CNC Software 公司推出的基于 PC 平台上的 CAD/CAM 软件,它具有很强的加工功能,尤其在对复杂曲面自动生成加工代码方面,具有独到的优势。虽然 Master CAM 主要针对数控加工,零件的设计造型功能不强,但对硬件的要求不高,操作灵活、易学易用且价格较低,受到中小企业的欢迎。该软件被公认为是一个图形交互式 CAM 数控编程系统。

7. CAXA 制造工程师

CAXA 制造工程师是由我国北京北航海尔软件有限公司研制开发的全中文、面向数控铣床和加工中心的三维 CAD/CAM 软件。它基于微机平台,采用原创 Windows 菜单和交互方式,全中文界面,便于轻松地学习和操作。它全面支持图标菜单、工具条、快捷键。用户还可以自由创建符合自己习惯的操作环境。它既具有线框造型、曲面造型和实体造型的设计功能,又具有生成 2 轴至 5 轴的加工代码的数控加工功能,可用于加工具有复杂三维曲面的零件。其特点是易学易用、价格较低,已在国内众多企业和研究院所得到应用。

第四节　产品首版制作应用

一、制作流程

在产品首版制作中所应用到的 CAD/CAM 技术主要包括在产品数据模型和产品样件加工这两步骤。产品数据模型生成过程中,主要进行的工作是产品概念设计和产品结构设计。相对应的 CAD 建模技术主要包括曲面建模技术、实体建模技术和特征建模技术。产品样件加工过程中,主要进行的工作是 NC 编程、刀路模拟、NC 加工。图 3.20 从理论上归纳了产品首版制作流程,以及相对所应用到的 CAD/CAM 技术。

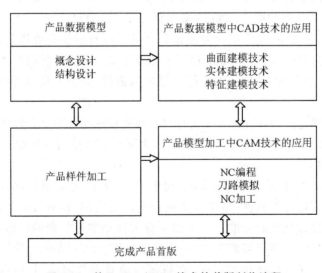

图 3.20　基于 CAD/CAM 技术的首版制作流程

　　我们以叉车产品首版制作为案例,具体分析 CAD/CAM 技术在具体产品首版制作流程中的应用。如图 3.21 所示,在叉车产品首版制作流程中所应用到的 CAD 技术主要包括对概念设计、结构设计进行的产品数据模型制作。主要步骤如下:

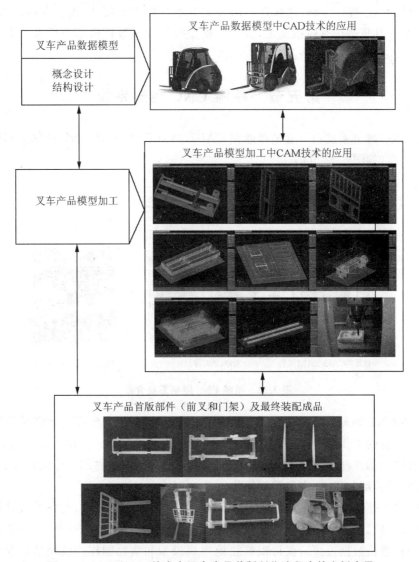

图 3.21　CAD/CAM 技术在叉车产品首版制作流程中的实例应用

　　(1) 应用 Rhino3D 进行叉车概念设计。由于 Rhino3D 是一款基于 NURBS 的三维建模软件,基本采用 NURBS(非均匀有理 B 样条曲线)进行产品数据建模,因此在表现产品外观形态的自由度和流畅性上具有独特的优势。它能被产品设计师灵活运用,进行极富创新的叉车外观设计。

　　(2) 然后,我们应用 Cimatron 软件进行实体叉车模型各部件的结构建模。Cimatron 采用的是线框造型、曲面造型和参数化实体造型等多种混合建模技术。这种基于参数化、变量化和特征化的实体造型可以进行非常自由和直观的产品结构设计,可以非常灵活地定义和修改参数和约束,不受模型生成秩序的限制。

（3）在叉车产品首版制作流程中所应用到的 CAM 技术主要包括：数控编程、刀路模拟、数控加工。Cimatron NC 提供了全面 NC 解决方案——完全自动基于特征的 NC 程序以及基于特征和几何形状的 NC 自动编程。因此，我们应用 Cimatron NC 来进行叉车各部件模型的 NC 程序编制，选择合理的加工方案与加工参数，完成刀具路径规划、刀位文件生成和刀具轨迹仿真模拟加工，最后将模型数据导入数控机床进行叉车零部件模型的真实加工，完成整个叉车产品的首版制作。

第五节　精雕 CNC 雕刻系统

精雕 CNC 雕刻系统由一套精雕雕刻 CAD/CAM 软件、精雕 CNC 雕刻机和精密小刀具加工所组成，如图 3.22 所示。

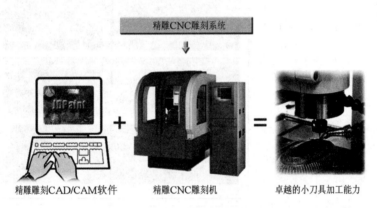

精雕雕刻CAD/CAM软件　　精雕CNC雕刻机　　卓越的小刀具加工能力

图 3.22　精雕 CNC 雕刻系统介绍

在精雕 CNC 雕刻系统的主要工作流程中，精雕雕刻 CAD/CAM 软件是基本组成部分，占据了重要的工作职责范围。它的工作流程分为三个步骤：①在实物原图的基础上，提取设计内容；②选择雕刻范围，描图；③生成刀具路径。在软件的工作流程完成后，就可以将数据连结到雕刻机上，进行雕刻操作。

如图 3.23 所示，精雕雕刻 CAD/CAM 软件具有通用数据接口，与各类设计软件格式的转换十分方便，设计师的各类电脑作品能够非常方便地导入雕刻软件中，只要再生成刀具路径，与精雕机数据连接后就可以轻松地实现模型和实物制作。使用精雕雕刻软件可进行平面设计、曲面造型、艺术浮雕等多种方式的雕刻工作。平面设计的工作方式主要是将二维设计软件导入雕刻软件中，进行一些平面雕刻；曲面造型的工作方式主要是将一些三维设计软件的建模物体导入雕刻软件中生成曲面模型，或直接在雕刻软件中制作曲面模型；艺术浮雕则主要采用虚拟雕塑的方式，在电脑三维数字化模型上实施交互式堆料、去料等操作。虚拟雕塑的方式吸取了平面设计和曲面造型的精华，利用图形、图像、曲面系统的概念及操作方法，实时动态地创建、修改、修饰大量的三维几何模型，非常适合构造尺寸要求不高、形状复杂、二维半的艺术类曲面模型。

精雕 CNC 雕刻系统被广泛地应用于广告设计、工业设计、首饰设计、环境艺术设计、工艺品设计等众多艺术设计领域，如图 3.24 所示。

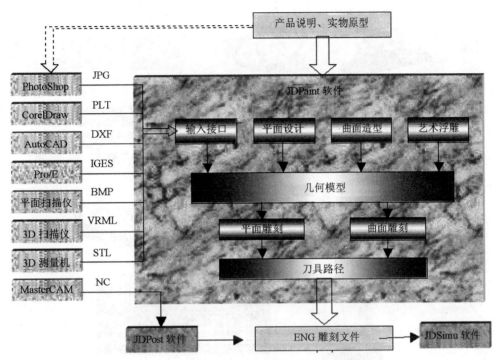

图 3.23　北京精雕公司的 JDPaint 雕刻软件工作流程

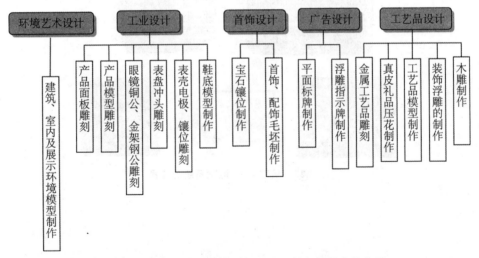

图 3.24　精雕 CNC 雕刻系统在艺术设计各领域中的应用

　　利用精雕雕刻软件的平面设计、曲面造型、艺术浮雕等工作方式,可以制作出大量精美的艺术设计作品。在平面设计中可进行标志牌、指示牌、胸牌等制作;利用曲面造型可进行表壳电极、表盘冲头、首饰毛坯、鞋底模型、镜架、产品模型、楼盘零件模型等制作;艺术浮雕则在木雕、工艺礼品和装饰品等传统或现在手工艺行业中有着广阔的应用范围和市场,如图 3.25 所示。

图 3.25　精雕 CNC 雕刻系统的作品

第四章　快速成型产品首版制作

第一节　快速成型技术

一、技术发展背景

随着工业设计对象复杂程度的提高,以及旨在提高设计效率、缩短设计周期和提高一次成功率的并行工程的实施,在工业设计产品首版制作中对于产品快速成型的要求显得越来越迫切。

目前,广泛应用的计算机辅助设计(CAD)技术在一定程度上帮助设计师掌握创新和风险之间的平衡。但是,CAD模型的出现,无法完全替代其他形式的模型,特别是具有三维实体形态的实体模型。例如:在产品的造型设计中,不仅要考察产品的外形、色彩效果,甚至要考察其手感;在航空、航天器的设计中,没有因为三维CAD的应用而放弃采用空气动力学的"风洞"试验;在交通工具工业中,任一新款车型开发过程中都不能不进行结构安全性的"碰撞"试验;尽管有十分详尽的军事地图,在大型战役的指挥中,"沙盘"仍是不可缺少的。这一切都源于CAD模型的缺陷。原因如下:

(1) CAD模型无法提供产品的全部信息(如触感);

(2) CAD模型只能模拟我们已知的环境条件;

(3) 三维空间中的实体模型比二维屏幕上的CAD模型更具有"真实感"和"可触摸性";

(4) CAD模型本身也需要接受实际验证。

因此,在大力研究和应用三维CAD基础上的拟实设计、拟实制造的同时,还要积极研究和采用同样是在三维CAD基础上产生和发展起来的快速成型(RP)技术。CAD技术和RP技术的结合为设计师带来完美的解决方案。

二、RP技术概述

总的来说,物体成型的方式主要有以下四类:减材成型,受压成型,增材成型,生长成型。

1.减材成型

减材成型,主要是运用分离技术把多余部分的材料有序地从基体上剔除出去,如传统的车、铣、磨、钻、刨、电火花和激光切割都属于减材成型。

2.受压成型

受压成型,主要利用材料的可塑性在特定的外力下成型,传统的锻压、铸造、粉末冶金等技术都属于受压成型。受压成型多用于毛坯阶段的模型制作,但也有直接用于工件成型的例子,如精密铸造、精密锻造等净成型均属于受压成型。

3.增材成型

增材成型,又称堆积成型,主要利用机械、物理、化学等方法通过有序地添加材料而堆积成型的方法。

4. 生长成型

生长成型,指利用材料的活性进行成型的方法,自然界中的生物个体发育就属于生长成型。随着活性材料、仿生学、生物化学和生命科学的发展,生长成型技术将得到长足的发展。

RP 技术是在现代 CAD/CAM 技术、激光技术、计算机数控技术、精密伺服驱动技术以及新材料技术的基础上集成发展起来的,从狭义上来说主要是指增材成型技术。不同种类的快速成型系统因所用成型材料不同,成型原理和系统特点也各有不同。但其基本原理都是一样的,那就是"分层制造,逐层叠加",类似于数学上的积分过程。形象地讲,快速成型中心就像是一台"立体打印机",因此俗称 3D 打印。

从成型工艺上看,RP 技术的优越性显而易见:突破了传统成型方法,通过快速自动成型系统与计算机数据模型结合,无须任何附加的传统模具制造和机械加工就能够制造出各种形状复杂的原型,这使得产品的设计生产周期大大缩短,生产成本大幅下降。这就是 RP 技术对制造业产生的革命性意义。

三、主流的快速成型技术

目前,快速成型(RP)已发展了十几种工艺方法,其中比较成熟并已商品化的方法主要有:分层实体成型工艺(LOM),立体光固化成型工艺(SLA),熔融沉积成型工艺(FDM),选择性激光烧结工艺(SLS)等。

1. 分层实体成型工艺

分层实体成型工艺(Laminated Object Manufacturing,LOM),这是历史最为悠久的快速成型技术,也是最为成熟的快速成型技术之一。LOM 技术自 1991 年问世以来得到了迅速发展。由于分层实体成型多使用纸材、PVC 薄膜等材料,价格低廉且成型精度高,因此受到了较为广泛的关注,在产品概念设计可视化、造型设计评估、装配检验、熔模铸造等方面应用广泛。如图 4.1 所示为 LOM 技术的基本原理。

分层实体成型系统主要包括计算机、数控系统、原材料存储与运送部件、热粘压部件、激光切割系统、可升降工作台等部分组成。其中计算机负责接收和存储成型工件的三维模型数据,这些数据主要是沿模型高度方向提取的一系列截面轮廓。原材料存储与运送部件将把存储在其中的原材

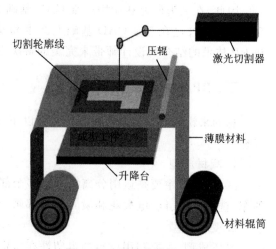

切割轮廓线　　压辊　　激光切割器

薄膜材料

成型工作台

升降台

材料辊筒

图 4.1　分层实体成型工艺

料(底面涂有黏合剂的薄膜材料)逐步送至工作台上方。

激光切割器将沿着工件截面轮廓线对薄膜进行切割,可升降的工作台能支撑成型的工件,并在每层成型之后降低一个材料厚度以便送入将要进行黏合和切割的新一层材料,最后热粘压部件将会一层一层地把成型区域的薄膜黏合在一起,就这样重复上述的步骤直到工件完全成型。

LOM工艺采用的原料价格便宜,因此制作成本极为低廉,其适用于大尺寸工件的成型,成型过程无须设置支撑结构,多余的材料也容易剔除,精度也比较理想。尽管如此,由于LOM技术成型材料的利用率不高,材料浪费严重颇受诟病,又随着新技术的发展LOM工艺将有可能被逐步淘汰。

2. 立体光固化成型工艺

立体光固化成型工艺(Stereo Lithography Apparatus,SLA),又称立体光刻成型。该工艺最早由Charles W.Hull于1984年提出并获得美国国家专利,是最早发展起来的快速成型技术之一。Charles W.Hull在获得该专利两年后便成立了3D Systems公司并于1988年发布了世界上第一台商用3D打印机SLA-250。SLA工艺也成了目前世界上研究最为深入、技术最为成熟、应用最为广泛的一种快速成型技术。

SLA工艺以光敏树脂作为材料,在计算机的控制下紫外激光将对液态的光敏树脂进行扫描从而让其逐层凝固成型,SLA工艺能以简洁且全自动的方式制造出精度极高的几何立体模型。如图4.2所示为SLA技术的基本原理。

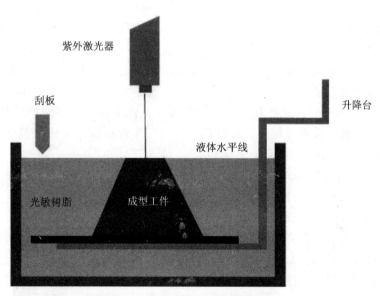

图 4.2　SLA:立体光固化成型工艺

液槽中会先盛满液态的光敏树脂,氦-镉激光器或氩离子激光器发射出的紫外激光束在计算机的操纵下按工件的分层截面数据在液态的光敏树脂表面进行逐行逐点扫描,这使扫描区域的树脂薄层产生聚合反应而固化形成工件的一个薄层。当一层树脂固化完毕后,工作台将下移一个层厚的距离以使在原先固化好的树脂表面上再覆盖一层新的液态树脂,刮板将黏度较大的树脂液面刮平,然后再进行下一层的激光扫描固化。因为液态树脂具有高黏性而导致流动性较差,在每层固化之后液面很难在短时间内迅速抚平,这样将会影响到实体的成型精度。采用刮板刮平后所需要的液态树脂将会均匀地涂在上一叠层上,这样经过激光固化后将可以得到较好的精度,也能使成型工件的表面更加光滑平整。新固化的一层将牢固地黏合在前一层上,如此重复直至整个工件层叠完毕,这样最后就能得到一个完整的立体模型。当工件完全成型后,首先需要把工件取出并把多余的树脂清理干净,接着还需要把支撑结构清除掉,最后还需要把工件放到紫外灯下进行二次固化。

SLA 工艺成型效率高,系统运行相对稳定,成型工件表面光滑精度也有保证,适合制作结构异常复杂的模型,能够直接制作面向熔模精密铸造的中间模。尽管 SLA 的成型精度高,但成型尺寸也有较大的限制,不适合制作体积庞大的工件,成型过程中伴随的物理变化和化学变化可能会导致工件变形,因此成型工件需要有支撑结构。

目前,SLA 工艺所支持的材料还相当有限且价格昂贵,液态的光敏树脂具有一定的毒性和气味,材料需要避光保存以防止提前发生聚合反应。SLA 成型的成品硬度很低且相对脆弱。此外,使用 SLA 成型的模型还需要进行二次固化,后期处理相对复杂。

3. 熔融沉积成型工艺

熔融沉积成型工艺(Fused Deposition Modeling,FDM)是继 LOM 工艺和 SLA 工艺之后发展起来的一种 3D 打印技术。该技术由 Scott Crump 于 1988 年发明,随后 Scott Crump 创立了 Stratasys 公司。1992 年,Stratasys 公司推出了世界上第一台基于 FDM 技术的 3D 打印机——3D 造型者(3D Modeler),这也标志着 FDM 技术步入商用阶段。

国内的清华大学、北京大学、北京殷华公司、中科院广州电子技术有限公司都是较早引进 FDM 技术并进行研究的科研单位。FDM 工艺无须激光系统的支持,所用的成型材料价格也相对低廉,总体性价比高,这也是众多桌面 3D 打印机主要采用的技术方案。

熔融沉积有时候又被称为熔丝沉积,它将丝状的热熔性材料进行加热融化,通过带有微细喷嘴的挤出机把材料挤出来。喷头可以沿 X 轴的方向进行移动,工作台则沿 Y 轴和 Z 轴方向移动(当然不同的设备其机械结构的设计也许不一样),熔融的丝材被挤出后随即会和前一层材料黏合在一起。一层材料沉积后工作台将按预定的增量下降一个厚度,然后重复以上的步骤直到工件完全成型。如图 4.3 所示为 FDM 的技术原理。

热熔性丝材(通常为 ABS 或 PLA 材料)先被缠绕在供料辊上,由步进电机驱动辊子旋转,丝材在主动辊与从动辊的摩擦力作用下向挤出机喷头送出。在供料辊和喷头之间有一导向套,导向套采用低摩擦力材料制成以便丝材能够顺利准确地由供料辊送到喷头的内腔。喷头的上方有电阻丝式加热器,在加热器的作用下丝材被加热到熔融状态,然后通过挤出机把材料挤压到工作台上,材料冷却后便形成了工件的截面轮廓。

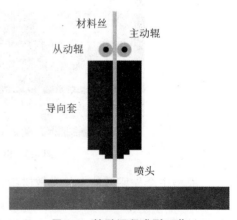

图 4.3 熔融沉积成型工艺

采用 FDM 工艺制作具有悬空结构的工件原型时需要有支撑结构的支持,为了节省材料成本和提高成型的效率,新型的 FDM 设备采用了双喷头的设计,一个喷头负责挤出成型材料,另外一个喷头负责挤出支撑材料。

一般来说,用于成型的材料丝相对更精细一些,而且价格较高,沉积效率也较低;用于制作支撑材料的丝材会相对较粗一些,而且成本较低,但沉积效率会更高些。支撑材料一般会选用水溶性材料或比成型材料熔点低的材料,这样在后期处理时通过物理或化学的方式就能很方便地把支撑结构夫除干净。

4. 选择性激光烧结工艺

选择性激光烧结工艺(Selective Laser Sintering,SLS),该工艺最早是由美国德克萨斯大学奥斯汀分校的 C.R.Dechard 于 1989 年在其硕士论文中提出的,随后 C.R.Dechard 创立了 DTM 公司,并于 1992 年发布了基于 SLS 技术的工业级商用 3D 打印机 Sinterstation。

奥斯汀分校和 DTM 公司在 SLS 工艺领域投入了大量的研究工作,在设备研制和工艺、材料开发上都取得了丰硕的成果。德国的 EOS 公司针对 SLS 工艺也进行了大量的研究工作并且已开发出一系列的工业级 SLS 快速成型设备。在 2012 年的欧洲模具展上,EOS 公司研发的快速成型打印设备大放异彩。在国内也有许多科研单位开展了对 SLS 工艺的研究,如南京航空航天大学、中北大学、华中科技大学、武汉滨湖机电产业有限公司、北京隆源自动成型有限公司、湖南华曙高科等。

SLS 工艺使用的是粉末状材料,激光器在计算机的操控下对粉末进行扫描照射而实现材料的烧结黏合,就这样材料层层堆积实现成型。如图 4.4 所示为 SLS 的成型原理。

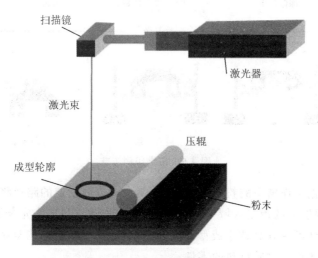

图 4.4　选择性激光烧结工艺

选择性激光烧结加工的过程先采用压辊将一层粉末平铺到已成型工件的上表面,数控系统操控激光束按照该层截面轮廓在粉层上进行扫描照射而使粉末的温度升至熔化点,从而进行烧结并与下面已成型的部分实现黏合。当一层截面烧结完后工作台将下降一个层厚,这时压辊又会均匀地在上面铺上一层粉末并开始新一层截面的烧结,如此反复操作直至工件完全成型。

在成型的过程中,未经烧结的粉末对模型的空腔和悬臂起着支撑的作用,因此 SLS 成型的工件不像 SLA 成型的工件那样需要支撑结构。SLS 工艺使用的材料与 SLA 相比相对丰富些,主要有石蜡、聚碳酸酯、尼龙、纤细尼龙、合成尼龙、陶瓷甚至还可以是金属。

当工件完全成型并完全冷却后,工作台将上升至原来的高度,此时需要把工件取出,并使用刷子或压缩空气把模型表层的粉末去掉。

SLS工艺支持多种材料,成型工件无须支撑结构,而且材料利用率较高。但SLS设备的价格和材料价格仍然十分昂贵,烧结前材料需要预热,烧结过程中材料会挥发出异味,设备工作环境要求相对苛刻。

5. 三维印刷工艺

三维印刷工艺(Three-Dimension Printing,3DP),该技术由美国麻省理工学院的Emanual Sachs教授于1993年发明,3DP的工作原理类似于喷墨打印机,是形式上极为贴合"3D打印"概念的成型技术之一。3DP工艺与SLS工艺也有着类似的地方,采用的都是粉末状的材料,如陶瓷、金属、塑料,但与其不同的是3DP使用的粉末并不是通过激光烧结黏合在一起的,而是通过喷头喷射黏合剂将工件的截面"打印"出来并一层层堆积成型的。如图4.5所示为3DP的技术原理。

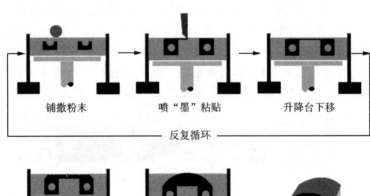

铺撒粉末　　　　喷"墨"粘贴　　　　升降台下移

反复循环

打印中　　　　最后一层　　　　打印成型

图4.5　三维印刷工艺

首先设备会把工作槽中的粉末铺平,接着喷头会按照指定的路径将液态黏合剂(如硅胶)喷射在预先粉层上的指定区域中,不断重复上述步骤直到工件完全成型后除去模型上多余的粉末材料即可。3DP技术成型速度非常快,适用于制造结构复杂的工件,也适用于制作复合材料或非均匀材质材料的零件。

6. PolyJet聚合物喷射技术

PolyJet聚合物喷射技术是以色列Objet公司于2000年初推出的专利技术,PolyJet技术也是当前最为先进的3D打印技术之一,它的成型原理与3DP有点类似,不过喷射的不是黏合剂而是聚合成型材料。如图4.6所示为PolyJet聚合物喷射系统的结构。

PolyJet的喷射打印头沿X轴方向来回运动,工作原理与喷墨打印机十分类似,不同的是喷头喷射的不是墨水而是光敏聚合物。当光敏聚合材料被喷射到工作台上后,UV紫外光灯将沿着喷头工作的方向发射出UV紫外光对光敏聚合材料进行固化。完成一层的喷射打印和固化后,设备内置的工作台会极其精准地下降一个成型层厚,喷头继续喷射光敏聚合材料进行下一层的打印和固化。就这样一层接一层,直到整个工件打印制作

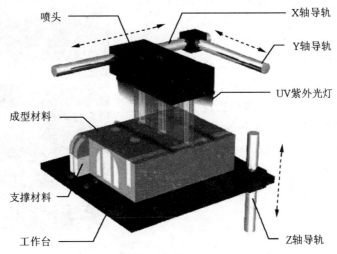

喷头　　　　　　　　　　　　　　　　　X轴导轨
　　　　　　　　　　　　　　　　　　　Y轴导轨
　　　　　　　　　　　　　　　　　　　UV紫外光灯
成型材料
　　　　　　　　　　　　　　　　　　　Z轴导轨
支撑材料
工作台

图 4.6　PolyJet 聚合物喷射系统的结构

完成。

　　工件成型的过程中将使用两种不同类型的光敏树脂材料,一种是用来生成实际的模型的材料,另一种是类似胶状的用来作为支撑的树脂材料。

　　这种支撑材料由过程控制被精确地添加到复杂成型结构模型的所需位置,如一些悬空、凹槽、复杂细节和薄壁等的结构。当完成整个打印成型过程后,只需要使用 Water Jet 水枪就可以十分容易地把这些支撑材料去除,而最后留下的是拥有整洁光滑表面的成型工件。

　　使用 PolyJet 聚合物喷射技术成型的工件精度非常高,最薄层厚能达到 $16\mu m$。设备提供封闭的成型工作环境,适合于普通的办公室环境。此外,PolyJet 技术还支持多种不同性质的材料同时成型,能够制作非常复杂的模型。

四、快速成型技术的应用

　　不断提高 RP 技术的应用水平是推动 RP 技术发展的重要方面。目前,快速成型技术在工业造型、机械制造(汽车、摩托车)、航空航天、军事、建筑、影视、家电、轻工、医学、考古、文化艺术、雕刻、首饰等领域都得到了广泛应用。主要应用方向包括以下几类:

　　(1)产品概念验证和呈现:①工业设计;②交易会/展览会;③投标组合;④市场/销售呈现;⑤优选研究;⑥包装设计;⑦概念模型;⑧产品设计。

　　(2)设计、分析、验证和测试:①设计验证/分析;②反复设计和优化;③成型、装配和功能性测试;④光弹分析;⑤流动可视化。

　　(3)制模和二次操作:①吹塑制模;②热成型;③真空制模;④液态制模;⑤砂型铸造;⑥金属镀层;⑦EDM 加工。

　　(4)小批量生产、大批量生产:①失蜡铸造;②吹塑制模;③塑料挤塑;④环氧制模;⑤真空制模。

　　如图 4.7 所示为通用汽车仪表板/驾驶舱(按键、装饰、开关等)108 SL 按键,比模具制造节省了约 8 周时间,让通用汽车公司能按时在一个主要汽车展上展示产品。

图 4.8 为快速成型技术制造的树脂飞机模型，主要用于风洞实验。

图 4.9(a)为麦道公司的 MD-90 控制模块，共有 74 个零件，应用快速成型技术制造部件，进行运动和维护分析。节省了 10 个星期和 ＄51,578.00。图 4.9(b)为梅塞德斯-奔驰 4-阀柴油马达，使用全尺寸模型测试组装，验证装配，节省 80％的成本。

图 4.10 为贝尔直升机 Textron 型号 407 商用直升机的驱动传动轴。"……这个模型轴的价值已经高于为它支付的价钱。没有它，我们在试着开始我们的飞行试验时就已被延迟了……"

图 4.7　用于展示

图 4.8　用于设计验证与工程分析

(a)　　　　　　　　　　　　(b)

图 4.9　用于验证设计

图 4.10　用于工作测试

图 4.11(a)为快速成型的 SL 模型,制作母模,再用 RTV 翻模的方法制作小批量聚氨酯工件。图 4.11(b)为用 SL 直接制作模具,再快速、低成本制作多个无区别的蜡型,用于失蜡铸造。

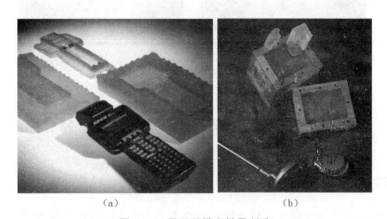

(a)　　　　　　　　　　(b)

图 4.11　用于翻模小批量制造

图 4.12 为 SL 芯盒,制作砂型,铝铸件。

图 4.12　用于砂型铸造

图 4.13(a)为飞机发动机进气导叶片模型,图 4.13(b)为熔模铸造的铸件。图 4.13(c)为轿车变速箱壳体模型,图 4.13(d)为铸件。

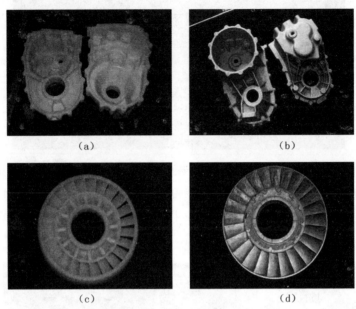

(a)   (b)

(c)   (d)

图 4.13　快速成型技术在铸造中的应用

第二节　基于 RP 的设计与制造一体化

一、概念

传统的数字化设计与制造系统主要由数字化设计 CAD 与数字化制造 CAM 组成,如图 4.14 所示。在传统制造业中,设计、工艺、制造均采用软件系统,但不能完全兼容,导致重复工作,效率低,这割裂了设计与制造之间的相互依存关系,降低了产品研发效率,最终被市场淘汰。在产品多元化、个性化的需求趋势下,市场瞬息万变,要求制造行业必须要对市场做出快速而正确的反应,因此制造过程的业务需求、质量与管理方面需求、信息系统发展的需求等,均对设计与制造一体化提出要求。

设计与制造一体化是在传统的数字化设计与制造系统基础上,融合计算机辅助工业设计 CAID 与计算机辅助工艺规划 CAPP,使从市场需求分析、产品设计、工艺设计、生产到最终产品上市整合成一体,详见图 4.15。

传统的产品设计主要是面向功能的设计,往往忽略产品造型、肌理、色彩、装饰、人机因素等,随着市场竞争的日益激烈,市场需求分析越发重要。顾客除了选择产品的使用功能外,更加注重产品的外观、色彩、宜人性等个性化特征,这些往往成为产品的主要卖点,同时也使产品具有更高的附加值。而计算机辅助工业设计 CAID 是现代工业设计发展的一个重要分支,它将计算机辅助设计技术与现代工业设计结合起来,支持工业设计各个领域内进行的创造性活动 。CAID 技术以工业设计知识为核心,以计算机为辅助工具,运

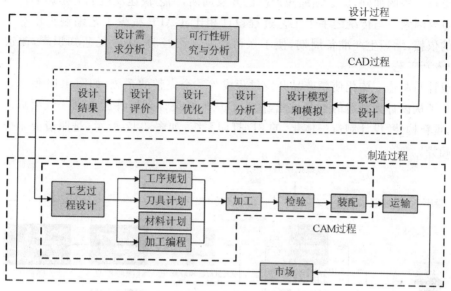

图 4.14　传统的数字化设计与制造系统

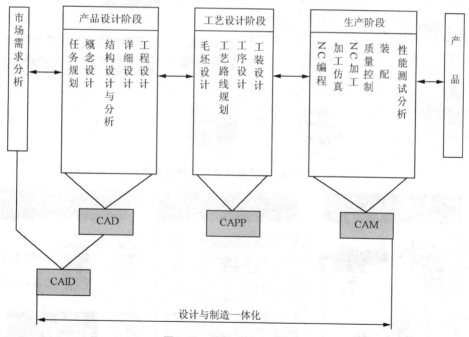

图 4.15　设计与制造一体化

用工业设计的理论和方法，实现形态、色彩、宜人性设计和美学原则的定量化描述，充分发挥计算机快速、高效的优点，以及设计人员的创造性思维、审美能力和综合分析能力。

计算机辅助工艺规划 CAPP 是一种现代化的工艺手段，能够提高工艺设计的效率与质量，促进工艺的标准化、规范化，促进工艺优化，满足产品全生命周期中对工艺设计的要求，保证工艺数据的完整性、一致性和可重用性，实现工艺知识和经验的积累、共享和管理，促进产品的并行设计和协同设计，CAPP 可以涵盖企业工艺工作的全过程。随着国际产品市场竞争的加剧,就必须缩短产品的开发周期,工艺快速反应能力是影响产品开发周期的重要因素。与传统的手工工艺过程设计相比,CAPP减少工艺编制工作对工艺人员技能的依赖,缩短生产准备周期,便于保留企业生产经验,建立工艺知识库,改进工艺方法,引入新工艺。

设计与制造一体化使新产品开发过程成为一个完整的系统,如图4.16所示。整个系统包括了从设计到制造的整个过程,使人们从外观设计到样件后处理一气呵成。在此基础上,重新构建"设计制造一体化"的3D打印系统,如图4.17所示,是制造业未来发展的重要趋势。

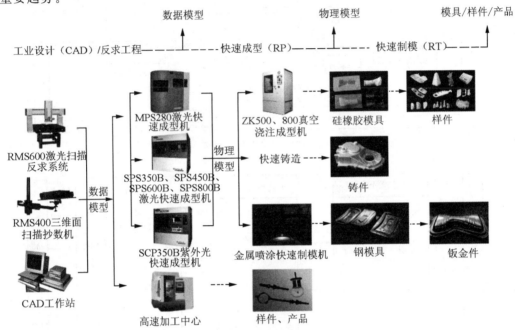

图 4.16 新产品快速开发制造系统

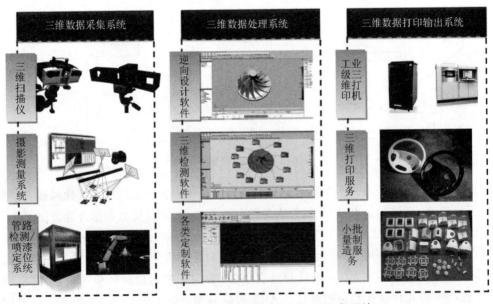

图 4.17 构建"设计制造一体化"的 3D 打印系统

第三节　基于 FDM 成型原理的 3D 打印应用

目前普及的桌面级 3D 打印机基本都是根据 FDM 成型原理来制作实物的。
打印的材料普遍为 ABS 或者 PLA 细丝卷，如图 4.18 所示。

图 4.18　基于 FDM 成型原理的桌面级 3D 打印机

一、3D 打印工作过程

3D 打印的工作过程主要包括：模型构建，位置调整，GCode 代码设置，实物打印，后处理。

1. 模型构建

模型构建，主要是将三维模型数据导入打印软件中。由于打印机所使用的文件格式为 STL，所以需要通过 Rhinoceros、Solidwork、SketchUp、UG 等 3D 设计软件将三维模型数据转换成软件能够识别的格式文件，再用打印机软件打开 STL 格式数据。

2. 位置调整

位置调整，主要是调整模型的位置、大小等，模拟产品在 3D 打印机中的实际加工位置。

3. GCode 代码设置

GCode 代码设置，主要是对 3D 模型数据进行分层，添加垫子与支撑，设置模型填充率、层厚、打印头移动速度和温度等，最终生成打印执行程序。

4. 实物打印

实物打印，主要是将修整完成的模型数据通过计算机或者移动存储卡传输到 3D 打印机上，通过熔融材料进行叠层实体制造过程，完成产品快速成型。

5. 后处理

后处理，主要是对加工完成的产品部件进行去料、抛光、打磨、喷漆等表面处理，并进行装配。

二、3D 打印步骤关键问题

在 3D 打印步骤中，存在着若干关键问题，决定了产品加工制造的质量效率。解决好这些问题将有助于掌握 3D 打印应用规律,提高设计与制造一体化的广泛应用。

下面通过对 Mbot Desktop 3D 打印机的 Replicator G 软件的应用案例,来分析 3D 打印步骤中的关键问题。

1. 模型构建阶段

我们以一款自主研发的创意计时器为例,在 Rhinoceros 中建模后,将模型数据格式转存为 STL 格式,在 Replicator G 中进行模型重新构建,如图 4.19 所示。

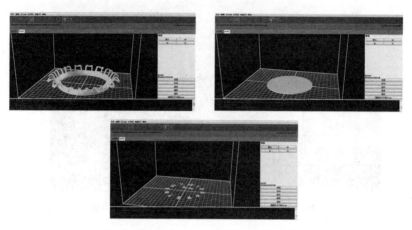

图 4.19　Replicator G 软件中的模型构建

在此阶段,模型不能出现破面、错面、空面等,否则打印效果将与模型显示出现相反的错误。如图 4.20 所示,电脑中的模型与打印实物结果出现错位。模型中的空间被打印成为实体,而模型中的实体却被计算成空间无法打印出来。因此,我们在前期的三维模型构建中必须要应用正确的建模方法来构建模型,以保证模型的完整与细致。

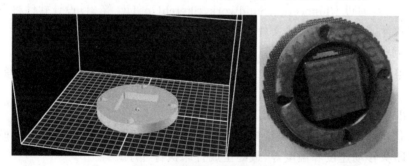

图 4.20　模型与实物的错位

2. 位置调整阶段

在此阶段,模型不能超出方框的范围,否则无法打印。方框的底面(蓝色的平面)代表打印机中的打印工作台。可以滚动鼠标滚轮来进行缩放,也可以按住滚轮进行视图的旋转。在此阶段,在软件界面右端有五个工具可以使用,如图 4.21 所示。其中视图工具与移动工具使用频率最高。

视图工具帮助我们从"XY:从顶部向下看""XZ:从正面向背面看""YZ:从右面向左面看"三个视图来观察模型。移动工具帮助我们在打开一个 3D 模型后,将模型居中,同时将模型放置于构建平面,居中并紧贴工作平面,如图 4.22 所示。

图 4.21　五个位置调整工具

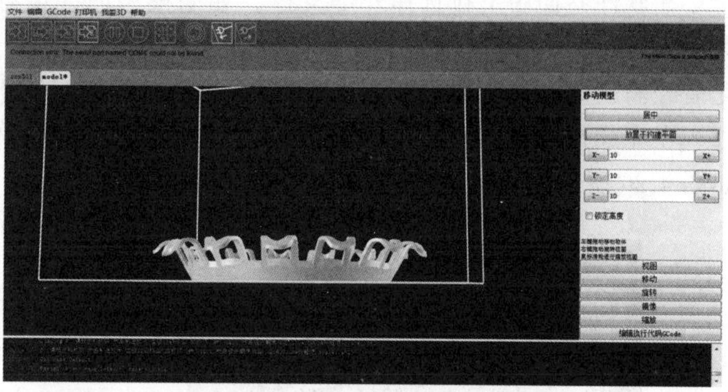

3. GCode 代码设置阶段

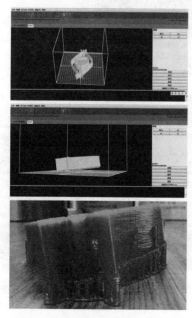

图 4.23　模型未紧贴平面的打印结果

图 4.22　模型居中并紧贴工作平面

如果模型没有居中,最后的打印位置会偏倚,模型底部没有紧贴平面,软件将会在模型与平面的间隙自动生成大量支撑,在打印结束后,不得不增加去除大量支撑的后处理工序。这些,对最终打印物体的精确度和表面效果都会产生较大的误差,如图 4.23 所示。修正此错误,必须应用旋转工具将倾斜的模型水平放置于打印蓝色平面。

在此阶段,打印头将生成执行代码,对 3D 数据进行分层切割与模拟加工。设置垫子与支撑时,需在对话框中勾选。操作此命令后,打印机在工作台底部将生成一层薄且大的垫底。

由于方框中模型的外圈形状为腾空(图 4.24),因此必须设置支撑。

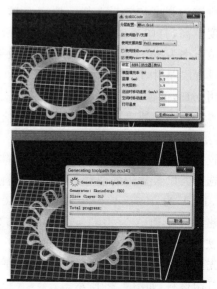

图 4.24　GCode 代码生成中设置支撑、垫子

在软件界面中下拉选择外部支撑。如果模型内部也有腾空状,则选用完全支撑。支撑在 3D 模型上是看不见的,在实物打印过程中才能显示,如图 4.25 所示。因此,要事先凭借经验正确预估支撑可能会出现的位置。

在完成打印后,需要将支撑材料从物体上进行剥离后处理,才算最终完成实物制作,如图 4.26 所示。

图 4.25 实物打印中生成垫子与支撑

图 4.26 最终完成作品

设置模型填充率为 0 时,模型内部为空心,只有外壳;1%～99%内部为蜂窝状填充,100%为完全实心。填充率越低,使用的材料就越少,需根据所需的强度和效果选择。填充率越高,成型精度越高,打印速度越慢。如图 4.27 所示为设置填充率为 30%时,打印的内部填充效果。

在设置层厚时,层厚可调范围为 0.1～0.3,建议使用 0.15,值越小,打印效果越好。

设置送丝移动速度时,打印速度建议值为 25,值越小,打印效果越好,时间越长。

设置打印温度时,温度要根据不同材料进行不同选择。以最常用的两种 3D 打印塑料材料为例,PLA 为 195～220℃,ABS 为 230～260℃,建议设置 PLA 为 210℃,ABS 为 240℃。

4. 实物打印阶段

首先要进行准备工作,包括调整打印平台和装载打印材料,如图 4.28 所示。

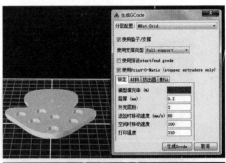
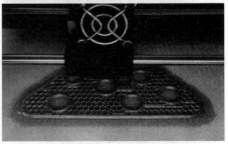

图 4.27 填充率为 30%时实体内部结构

图 4.28　调整打印平台和装载打印材料

　　调整打印平台时,将打印平台上升到最高点,触碰到限位开关后停下,旋转打印平台下面的羊角螺母,保证打印头与打印平台之间相距 0.5~1mm,使打印出的垫子相邻两条线之间有细小的缝隙。

　　打印材料装载时,先等待打印头温度达到设定温度,保证打印头中材料已软化,再用手抓住材料,将打印材料穿过导管,推送入打印头部的圆孔,尽可能推到插孔底部。刚开始时稍微用点力往下压,当材料在慢慢下去时,手可以放开,之后打印头会正常吐丝。在这个过程中,打印头可能会有"哒哒哒"的响声,用力按压材料 25s 左右,之后响声会消失。

　　最后开始通过计算机连接打印或者通过移动存储 SD 卡打印。其中,最常用的是通过移动存储 SD 卡打印,因其具有更高的稳定性。当生成完 GCode 后,将会生成 X3G 格式的打印文件,存入 SD 卡。然后,将 SD 卡插入打印机 SD 卡槽中,通过显示屏右侧的按键选择"Print from SD",按右侧按钮组的中心确定按钮,通过上下按钮找到保存的文件,就可开始打印,如图 4.29 所示。打印过程中要注意屏幕显示的打印头温度是否正常保持在预设的温度。

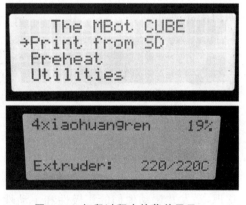

图 4.29　打印过程中的菜单显示

第四节　基于 3D 打印的用户参与式设计

一、概念

1. 参与式设计的概念

　　参与式设计(participatory design,PD)的概念起源于 20 世纪 60 年代的北欧国家,最初的含义主要是强调"参与"性,即管理者接收公众的观点,让公众的声音加入到决策制定过程中。在《参与型设计:原则与实践》一书中,Donglas Scluclter 和 Aki Ncomoika 把 PD 描述为"朝向计算机系统设计的新方法"。在这种方法中,当人们进行设计的时候,必定要使用系统,并让用户扮演极其重要的角色。他们把它与其他的设计方法进行对比,"参与式设计刚好和对专家设计的模式相反"。

但实质上,PD是一种设计哲学而不是一种设计方法。它结束了传统解决问题的纯理论方法,认识到对任何问题都没有绝对"正确"的答案。之后,PD的概念发生了变化,更多被应用于城市设计、景观设计、建筑设计、软件开发、产品开发等领域,指在创新过程的不同阶段,所有利益方被邀请与设计师、研究者、开发者合作,一起定义问题、定位产品、提出解决方案并对方案做出评估。因此,PD体现了对用户的尊重,同时强调产品设计和开发应优先满足用户的需求和期望。在PD中,用户加入到设计组中,在设计的过程中发现问题,参与提炼需求,参与问题分析,而后设计者通过新的设计解决问题,如此迭代反复,增强对系统的理解。

2. 用户参与式设计(UPD)的概念

众所周知的"以用户为中心的设计"(UCD)常用的研究方法主要是问卷、一对一访谈、焦点小组等,更多是将用户作为研究的客体,通过用户语言表述的观点,了解用户的期望、需求。在这种传统的方法中,用户总是向设计者询问,设计者提供答案。大多数情况下,受结果影响最大的用户闲坐一边,等待设计专家的启示。在传统UCD方法中,用户参与产品设计过程的程度较浅,形式偏于被动,主要是接受访问、接受观察、填写问卷、按研究者设定的任务对产品进行可用性测试等。无论是在用户的主观感受里,还是在设计师和研究人员的认知中,用户是被研究的对象,是配合的一方。用户与设计师的角色关系如图4.30所示。

图4.30 UCD角色关系图

而与UCD相对的"用户参与式设计"(UPD)则倡导让用户更深入地融入设计过程中,培养用户的主人翁意识,激发并调动他们的积极性和主动性。设计师与用户的角色同传统相比发生了微妙的变化:用户成了产品的设计者和改变者,而设计师和研发工程师更多地扮演协调者、配合者和观察者,感性地获得对用户的第一手资料,如图4.31所示。同时,研究人员作为UPD的主要组织者,在此过程中,得以从更丰富的角度挖掘用户的意识和需求,如图4.32所示。

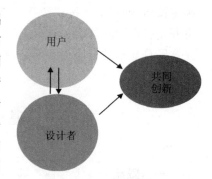

图4.31 UPD角色关系图

UPD极度强调发挥用户的主动性和积极性,用户不再只是被动地在从不同的方案中做选择、表述观点,而是真正参与原型设计,"头脑风暴"(brain storm)设计创意,甚至被吸纳到设计团队中,短时间内与设计师一起工作。借助实验者提供的材料,用户可以亲自提供设计方案并解释自己的创作思路。整个过程中,用户感受到他在和设计者一起创造、解决问题,是产品的改变者和主人。举一个乐高公司的例子:当乐高在20世纪末陷入无边

用户感受到自己是产品的
创造者、设计者、改变者

研究人员作为PD
的主要组织者,得
以从更丰富的角度
挖掘用户的意识和
需求

设计师更多地扮演着协调者、
配合者和观察者,感性地获得
第一手资料和需求

图 4.32　UPD 中各角色的分工

界的创新怪圈时,一位设计师尝试在论坛上与一批乐高爱好者一起设计了一些产品,取得了很好的反响和效果。

二、UPD 模式创新

因为 UPD 在设计师自身的方案还没有定型的设计初始阶段就考虑了用户需求,而此时产品未进入开发阶段,整个项目还有足够的灵活性和开放度来吸收各式各样的创意,用户的需求能够最大化地融入最终设计方案中。因此只要是以满足使用者为最终目标的,所有靠良好的体验为生的产品设计都值得在设计中去尝试融入用户的深度参与。新产品的创新程度越高或原有产品的优化力度越大,越适合采用用户参与式设计收集需求、创意、方案或原型。当产品策略发生调整、创新遇到瓶颈或一款重要产品开始进入衰落期,UPD 的实施更是有可能为产品和公司带来新的生机。

1. 基于 3D 打印的 UPD 模式

在传统设计与制造体系中,设计者的工作范围只局限于产品创新阶段,不参与制造与销售。因此,用户参与式设计只局限于设计者的工作范围,无法参与制造与销售,更加无法在产品制造过程中提出自己的需求,比如在材料、色彩上的喜好与需要。产品进入销售阶段,用户只能在现有产品中挑选自己认为满意的产品,但是现有产品常常无法满足用户的需求,从而出现产品库存积压和滞销,带来厂家产能过剩,对社会资源产生极大的浪费。可见,用户在传统设计与制造体系中,虽然可以参与设计,但依然无法参与制造与销售,只是一个被动接受产品的过程。因此,UPD 在传统设计与制造体系中是静态独立于制造与销售的,如图 4.33 所示。

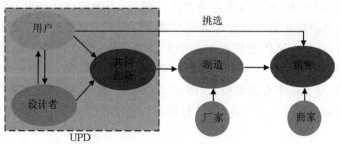

图 4.33　UPD 与传统设计制造的关系图

而在设计与制造一体化中,3D打印技术实现了直接从"图纸—实物"的产品制造过程,无缝对接设计与制造,产品的设计方案得以快速成型。在这个过程中,用户不但能参与设计创新,也能参与制造与销售的全过程。用户可以在产品制造过程中提出有关材料、色彩甚至是工艺的要求。最终产品则完全是为用户量身定制的。因此,UPD在设计与制造一体化中是一个动态开放的过程。在用3D打印实现产品制造与销售的这个条件下,用户参与设计制造一体化模式出现了,如图4.34所示。

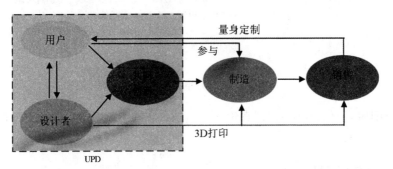

图4.34 基于3D打印的UPD模式关系图

2. 意义

"用户参与式设计"重塑了用户地位,在产品创新设计中具有革命性意义。而3D打印技术,真正实现了产品设计与制造的无缝对接。基于3D打印的用户参与一体化模式将颠覆产品从设计到营销的传统生命周期,使用户的个性化需求得到极大满足,这种模式的应用范围非常广泛,只要是以满足用户需求为目标的产品,都可以应用这一模式进行运作。

3. 案例分析——基于3D打印的眼镜店用户参与一体化模式

Oak&Dust是Goegl推出的一个眼镜系列,该系列产品主要采用参数化设计和3D打印来解决眼镜业的三个常见问题:大部分眼镜不能在鼻子上均匀分配重量,从而造成压痕和佩戴的痛苦;使用的材料常常会引起眼镜从鼻子上滑落;有超过50%的眼镜盒与眼镜的框架并不匹配,使镜片很容易受损伤。

Goegl使用犀牛软件创建眼镜CAD模型,然后通过在线3D打印服务,使用聚酰胺材料将其打印出来。Goegl的重点并不在于眼镜框本身的风格样式,而是在展示配镜师如何在日常工作中使用3D打印为客户提供一些完全量身定制的产品。

这个过程既创新又简单:配镜师首先要对客户的鼻子进行3D扫描,并使用CNC加工出完全匹配的软木眼镜鼻垫。作为一种天然的和经过时间考验的材料,软木足够轻便,能够减轻对鼻子的压力,而且也不容易滑落。最后,当眼镜设计好后,还可以用软木制造定制的眼镜盒,可以防止划痕和意外事故对眼镜的冲击。这个过程中,配镜师能够通过直接打印眼镜部件从而在销售现场提供完全定制的服务,可以直接在眼镜店里使用3D打印机。这一过程,包括从设计原型再到制作完成,有可能比进行眼睛检查的时间还要短。

这个项目呈现了一个有趣的模式(图4.35):由于3D打印制造方式的融入,产品的设计、制造和销售相应地发生了变化。3D打印可以彻底改变眼镜行业的运营模式。

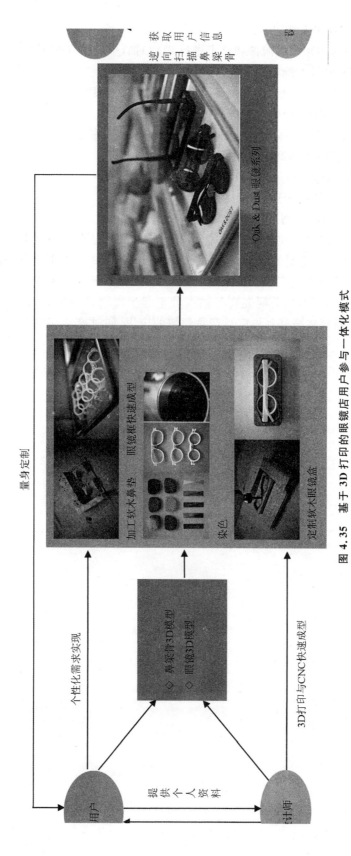

图 4.35　基于 3D 打印的眼镜店用户参与一体化模式

用户配制眼镜的具体步骤如下：

（1）运用逆向技术对用户的脸部和鼻子进行 3D 扫描，生成用户鼻梁模型。

（2）提取鼻梁曲面，设计绘制出鼻托 3D 模型。

（3）根据用户脸部特征，设计绘制出其喜好的眼镜架 3D 模型。

（4）运用 SAL 技术制作眼镜架与鼻托的原型。

（5）利用鼻托原型制作硅胶鼻托件，鼻托可与该佩戴者精密贴合。

（6）同款硅胶鼻托件可装卸在不同款式的镜架上。

（7）依据眼镜架 3D 模型，运用 FDM 技术制作眼镜盒。

（8）将 3D 打印的眼镜架配件装配成完整产品。

（9）完成全部产品加工，满足不同用户的个性化定制。

此过程中，配镜师可直接在眼镜店里使用 3D 打印机，通过直接打印眼镜架部件，在销售现场为用户提供完全定制的服务，从而极大地缩短了用户的配镜时间。因此，尝试应用 3D 打印技术为用户量身进行眼镜框架配制，是一种可行的眼镜产品创新方法。

"用户参与产品创新"的相关研究在我国尚处于起步阶段，随着 3D 打印等先进制造技术不断发展进步，后续将拓展到更广泛产品领域的应用，同时推动 3D 打印技术的产业化进程。

第五章　发展与展望

第一节　CAD/CAM 技术的发展与展望

一、CAD 技术的应用现状

国内外专家通常把 CAD 的发展,分为 4 个阶段:第一阶段是只能用于二维平面绘图、标注尺寸和文字的简单系统;第二阶段是将绘图系统与几何数据管理结合起来,包括三维图形设计及优化计算等其他功能接口;第三阶段是以工程数据库为核心,包括曲面和实体造型技术的集成化系统;而第四阶段是基于产品信息共享和分布计算,并辅以专家系统及人工神经网络的智能化、网络协同 CAD 系统。

目前,国内 CAD 应用主要集中在第三阶段,大部分的 CAD 产品,由一些基础的设计绘图平台,结合专业方面的规范和数据进行二次开发,并且集成相关的计算、分析等其他软件,形成设计人员独自完成设计工作的专业集成化工具。

与此同时,国外的应用基本处于第三到第四阶段之间,除了一般的集成化系统,在一些设计需求发展较快的领域,也开发了一些专门的 CAD 产品,实现了集设计工具、知识管理、专家系统于一体,具有一定协同工作能力的智能化集成系统。

1. CAD 在制造业中的应用现状

CAD 的普及应用,是制造业是否能够成功迈向信息化的主要标志。我国的 CAD 应用目前已初步实现了按行业及地区开展 CAD 应用技术开发、示范和推广应用的目标。据 e-works 调查显示,中国制造业二维 CAD 市场保持了稳健的增长势头,尤其是 2006 年,中国制造业二维 CAD 的市场总额约为 3900 万美元(3.17 亿人民币),相比 2005 年的 2.43 亿人民币增长了 30%。

2. CAD 在制造业中的几个发展方向

(1) CAD 技术作为一种设计工具,其核心目标是帮助工程技术人员设计出更好、更具市场竞争力的产品。在控制产品的设计过程、应用工程设计知识,实现优化设计和智能设计的同时,也需具有丰富的图形处理功能,实现产品的"结构描述"与"图形描述"之间的转换。因此,在以几何模型为主的现代通用 CAD 技术基础上,发展面向设计过程的智能 CAD 技术是一种必然的趋势。

(2) 对于产品设计而言,通过网络化的手段可以帮助设计师及其企业改造传统的设计流程,创造一种顺应人性而又充满魅力的设计环境。同时,在基于网络协同完成设计任务的同时,与制造、商务等的全面融合更带来了技术和应用两个领域革命性的进步。随着 Web 技术的不断渗透,支持 Web 协同设计方案的 CAD 软件已经出现并趋于成熟,CAD

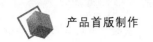

软件的团队协作能力可以直接利用互联网进行。

（3）CAD向简化和自动化的方向发展,这使该技术可以适合机械设计以外的众多应用。另外,对于某一个应用CAD技术的单位来讲,随着CAD技术及相关技术的发展成熟,需要从整体的角度来考虑这项技术的发展。利用基于网络的CAD/CAE/CAM/CAPP/PDM集成技术,实现真正的全数字化设计与制造。

二、未来 CAD 的发展趋势

1. 网络 CAD 系统

基于产品信息共享和分布计算的网络CAD系统,则被认为是CAD未来的发展方向。随着信息化的逐步深入,设计领域越来越需要大规模的分工与合作,未来CAD软件的发展,将适应企业提高市场响应能力和产品设计水平双方面的需要。跨专业、跨地域的基于网络化协同设计,可以大幅缩短产品设计周期,快速地研发出满足市场变化和需求的产品,提高企业的竞争能力。因此,借助网络平台实现这一目标,是CAD发展大势所趋。从前,限于硬件条件限制,协同设计只能是"空中楼阁",但随着高速CPU处理器、大容量存储设备及宽带通信网络等现代计算机、通信硬件技术的成熟,协同设计具有了现实的可能。

2. CAD/CAM 软件的发展趋势

（1）CAD/CAM 软件的二次开发

在微机平台开发CAD/CAM软件方面,我国与国外起点差不多,都是使用Visual C++或OpenGL等工具进行软件开发,国内许多高校、软件公司和企业在此基础上,开发出了先进的、有自己特色的、符合中国用户习惯的CAD/CAM软件或模块,其中有一些成果已经得到了推广和使用。如武汉汽车工业大学开发了基于SolidWorks的三维标准件库3D PARTLIB等。

（2）CAD/CAM 软件开发应遵循的原则

①用户界面友好。软件开发的目的是为了应用,所以用户是否可以较为容易地掌握成为评价软件的基本标准。一个友好的用户界面应符合:使用方便,界面熟悉,有灵活的提示帮助信息,良好的交互方式,良好的出错处理。

②遵循软件工程方法。软件工程是指导计算机软件开发和维护的工程科学,即采用工程的概念原理、技术和方法来开发和维护软件。软件工程采用生命周期法从时间上对软件的开发和维护进行分解,把软件生存周期依次划分为几个阶段,分阶段进行开发。

③参数化CAD。对于系列化、通用化和标准化程度高的产品,产品设计所采用的数学模型及产品结构都是固定的。不同的仅是结构尺寸的差异,这是由于相同数目及类型的已知条件在不同规格的产品设计中取不同值而造成的。对于这类产品,可以将已知条件及其他的随着产品规格变化的基本参数用相应的变量代替,然后根据这些已知条件和基本参数,由计算机自动查询图形数据库,或由相应的软件计算出绘图所需的全部数据,由专门的绘图生成软件在屏幕上自动地设计出图形来,这种方法称为参数化 CAD。

④成组CAD。许多企业的产品结构尽管不一样,但比较相似,可以根据产品结构和工

艺性的相似性,利用成组技术将零件划分成有限数目的零件库,根据同一零件族中各零件的结构特点,编制相应的 CAD 通用软件,用于该族所有零件的设计,这就是"成组 CAD"。

⑤智能化 CAD。工程设计中有一部分工作是非计算性的,需要推理和判断,其中包括设计过程内容的过程决策和具体设计的技术决策。因此,设计效率和质量在较大程度上取决于设计师的实践经验、创造性思维和工作的责任心。采用专家系统可以指导设计师下一步该做什么,分析当前存在问题,建议问题的解决途径和推荐解决方案,或者模拟人的智慧,根据出现的问题提出合理的解决方案。采用专家系统可以提高设计质量和效率。智能化 CAD 就是为将专家系统与 CAD 技术融为一体而建立起来的系统。

三、CAD/CAM 技术的发展趋势

21 世纪制造业的基本特征是高度集成化、智能化、柔性化和网络化,追求的目标是提高产品质量及生产效率,缩短设计周期及制造周期,降低生产成本,最大限度地提高制造业的应变能力,满足用户需求。具体表现出以下几个特征。

1. 标准化

CAD/CAM 系统可建立标准零件数据库、非标准零件数据库和模具参数数据库。标准零件库中的零件在 CAD 设计中可以随时调用,并采用 GT(成组技术)生产。非标准零件库中存放的零件,虽然与设计所需结构不尽相同,但利用系统自身的建模技术可以方便地进行修改,从而加快设计过程;典型结构库是在参数化设计的基础上实现的,按用户要求对相似结构进行修改,即可生成所需要的结构。

2. 集成化技术

现代设计制造系统不仅应强调信息的集成,更应该强调技术、人和管理的集成。在开发系统时强调"多集成"的概念,即信息集成、智能集成、串并行工作机制集成及人员集成,这更适合未来制造系统的需求。

3. 智能化技术

应用人工智能技术实现产品生命周期(包括产品设计、制造、使用)各个环节的智能化,实现生产过程(包括组织、管理、计划、调度、控制等)各个环节的智能化,也要实现人与系统的融合及人在其中智能的充分发挥。

4. 网络技术的应用

网络技术包括硬件与软件的集成实现、各种通信协议及制造自动化协议、信息通信接口、系统操作控制策略等,是实现各种制造系统自动化的基础。目前已出现了通过 Internet 实现跨国界设计的成功例子。

5. 多学科多功能综合产品设计技术

未来产品的开发设计不仅用到机械科学的理论与知识,而且还用到电磁学、光学、控制理论等知识。产品的开发要进行多目标全性能的优化设计,以追求产品动/静态特性、效率、精度、使用寿命、可靠性、制造成本与制造周期的最佳组合。

6. 逆向工程技术的应用

在许多情况下,一些产品并非来自设计概念,而是起源于另外一些产品或实物,要在只有产品原型或实物模型,而没有产品图样的条件下进行模具的设计和制造以便制造出

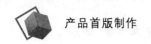

产品。此时需要通过实物的测量,然后利用测量数据进行实物的 CAD 几何模型的重新构造,这种过程就是逆向工程(Reverse Engineering,RE)。逆向工程是一种能够缩短从设计到制造的周期,是帮助设计者实现并行工程等现代设计概念的强有力的工具,目前在工程上正得到越来越广泛的应用。

7. 快速成型技术

快速成型技术是基于层制造原理,迅速制造出产品原型,而与零件的几何复杂程度丝毫无关,尤其在具有复杂曲面形状的产品制造中更能显示其优越性。它不仅能够迅速制造出原型供设计评估、装配校验、功能试验,而且还可以通过形状复制快速经济地制造出产品模具(如制造电极用于 EDM 加工、作为模芯消失铸造出模具等),从而避免了传统模具制造的费时、高成本的 NC 加工方式,因而 RPM 技术在模具制造中日益发挥着重要的作用。

四、结语

经过这几十年的发展,我国 CAD/CAM 有了长足发展,CAD/CAM 技术已经被广泛应用于我国企业。我国研制开始 CAD/CAM 软件的水平也逐渐接近国外先进水平。在政府的大力支持下先后出现了一批先进的 CAD/CAM 示范企业,高校和企业也培养了一大批 CAD/CAM 软件开发及应用人才。但总的来说,我国目前 CAD/CAM 软件不管是从产品开发水平,还是从商品化、市场化程度,都与发达国家有不小的差距。CAD/CAM 技术水平还处于向高技术集成和向产业化商品化过渡的时期,研制的软件在可靠性和稳定性方面与国外工业发达国家的软件尚有一些差距,还没有针对性的软件,一般都是使用通用性软件。但是我们既要看清我们的劣势,也要看到我们的优势。与国外软件相比我们的优势是:了解本国市场,便于提供技术支持,价格相对便宜等。另外,我们有政府的大力支持,各大高校也为 CAD 软件的开发培养了大批人才。在这些前提下,我国 CAD/CAM 产业不仅要紧跟时代潮流,跟踪国际最新动态,遵守各种国际规范,形成自己独特的优势,更要立足国内,结合国情,面向国内经济建设的需要,开发出有自己特色、符合中国人习惯的 CAD/CAM 软件。

第二节　快速成型技术的发展与展望

一、快速成型技术的发展现状

从目前国内外 RP 技术的研究和应用状况来看,快速成型技术虽然有其巨大的优越性,但是也有它的局限性,由于可成型材料有限,零件精度低,表面粗糙度高,原型零件的物理性能较差,成型机的价格较高,运行制作的成本高等问题已经在一定程度上成为该技术推广普及的瓶颈。

目前 RP 技术还是面临着很多问题,问题大多来自技术本身的发展水平,其中最突出的表现在如下几个方面:

1. 工艺问题

快速成型的基础是分层叠加原理，然而用什么材料进行分层叠加，以及如何进行分层叠加却大有研究价值。因此，除了上述常见的分层叠加成型法之外，正在研究、开发一些新的分层叠加成型法，以便进一步改善制件的性能，提高成型精度和成型效率。随着成型工艺的进步和应用的扩展，其概念逐渐从快速成型向快速制造转变，从概念模型向批量定制转变，成型设备也应向概念型、生产型和专用型三个方向分化。

2. 材料问题

成型材料研究一直都是一个热点问题，快速成型材料性能要满足：①有利于快速精确地加工成型；②用于快速成型系统直接制造功能件的材料要接近零件最终用途对强度、刚度、耐潮、热稳定性等要求；③有利于快速制模的后续处理。发展全新的 RP 材料，特别是复合材料，如纳米材料、非均质材料、其他方法难以制作的材料等仍是努力的方向。因此，需要开发性能更好的快速成型材料。材料的性能既要利于原型加工，又要具有较好的后续加工性能，还要满足对强度和刚度等不同的要求。

3. 精度问题

目前，快速成型件的精度一般处于 ± 0.1mm 的水平，高度(Z)方向的精度更是如此。快速成型技术的基本原理决定了该工艺难于达到与传统机械加工所具有的表面质量和精度指标，把快速成型的基本成型思想与传统机械加工方法集成，优势互补，是改善快速成型精度的重要方法之一。因此，要大力改善现行快速成型制作机的制作精度、可靠性和制作能力，提高生产效率，缩短制作周期。尤其是提高成型件的表面质量、力学和物理性能，为进一步进行模具加工和功能试验提供平台。

4. 软件问题

目前，快速成型系统使用的分层切片算法都是基于 STL 文件格式进行转换的，就是用一系列三角网格来近似表示 CAD 模型的数据文件，而这种数据表示方法存在不少缺陷，如三角网格会出现一些空隙而造成数据丢失，还有由于平面分层所造成的台阶效应，也降低了零件表面质量和成型精度。目前，应着力开发新的模型切片方法，如基于特征的模型直接切片法、曲面分层法，即：不进行 STL 格式文件转换，直接对 CAD 模型进行切片处理，得到模型的各个截面轮廓，或利用反求工程得到的逐层切片数据直接驱动快速成型系统，从而减少三角面近似产生的误差，提高成型精度和速度。

5. 能源问题

当前快速成型技术所采用的能源有光能、热能、化学能、机械能等，其中大多数成型机都是以激光作为能源。激光系统的价格和维修费用昂贵，并且传输效率较低。这方面也需要得到改善和发展。因此，在能源密度、能源控制的精细性、成型加工质量等方面均需进一步提高。应当开发新的成型能源。

6. 应用领域问题

目前快速成型现有技术的应用领域主要在于新产品开发，主要作用是缩短开发周期，尽快取得市场反馈的效果。由于快速成型技术的巨大吸引力，现在，不仅工业界对其十分重视，而且许多其他的行业都纷纷致力于它的应用和推广，在其技术向更高精度与更优的材质性能方向取得进展后，可以考虑加入生物医学、考古、文物、艺术设计、建筑成型等多个领域的应用，形成高效率、高质量、高精度的复制工艺体系。

二、快速成型发展趋势

快速成型技术未来的发展趋势主要体现在以下几个方面:

1. 材料成型和材料制备

随着科学技术的发展,材料和零件要求具有很高的性能,要求实现材料和零件设计的定量化和数字化,实现材料与零件制备的一体化和集成化。

2. 生物制造和生长成型

21世纪是生物科学的世纪,快速成型技术可与工程科学相结合,特别是与制造科学相结合。基于对不同层次生命活动的理解,生物技术和生物医学工程学能够为人类创造财富和解决人类的健康问题。

3. 计算机外设和网络制造

快速成型技术是全数字化的制造技术,快速成型设备的三维成型功能和普通打印机具有共同的特性。

4. 快速成型与微纳米制造

目前,常用的微加工技术方法从加工原理上属于通过去除材料而"由大到小"的去除成型工艺,难于加工三维异形微结构,并且深宽比的进一步增大受到了限制。而快速成型根据离散/堆积的降维制造原理,能制造任意复杂形状的结构。

5. 直写技术与快速处理

(1) 直写技术:直写技术对材料单元具有精确控制的能力,是快速成型的核心。

(2) 信息来源与软件:随着快速成型技术向快速制造技术转变,制造出最终零件对精度的要求越来越高。对快速成型进行建模、计算机仿真和优化,可以提高快速成型技术的精度,实现真正的净成型,成用的工具包括限差分和有限元等。

三、国内3D打印产业面临创新升级瓶颈

当前,我国3D打印技术发展迅速,但与发达国家相比,我国的3D打印还停留在概念层面,尚无成熟的盈利模式,也没有以3D打印为主业的上市公司;从应用层面来讲,低端运用已趋于饱和,工业级应用则由于成本高、技术欠缺等问题,市场占比仅20%～30%。

目前,我国多数企业的产品集中在以民用为主的桌面级FDM型(熔融挤出成型)3D打印机,产成品局限在玩具、礼品、展会及3D影像等低端市场。这主要是因为:① FDM型使用的打印材料价格低廉且供应充足,而工业级打印机,尤其是工业级的SLS型(金属粉末快速成型),需要使用金属粉末材料,不仅对技术工艺要求较高,钛合金粉末还需要进口,价格昂贵,产品成本高;② 国内3D打印企业普遍缺乏创新应用意识,模仿和跟随成型技术,对3D打印的应用领域仅停留在打印人像等小饰品上,产业结构单一。

目前国内关于3D打印的认识虽然逐步清晰,但是普通民众还是比较模糊。大多数民众怀着看新奇的心理去看待3D打印,只看其形状是否美观,而没有进行深层次的思考。另外,政府官员、媒体也有一种缺乏理性认识的现象存在,他们宣传支持的可能是一些3D打印泡沫,反而对那些真正有志于自主创新的人士造成一种挤压。

3D打印真正走向百姓需要建立一个生态系统,从硬件软件到云服务,还有人才的贮

备,都需从量变到质变的过程,如图 5.1 所示。新的商业模型只有搭建在一个良好的生态系统上,才能成功。

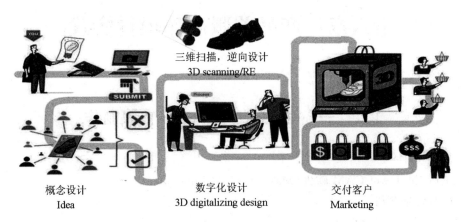

图 5.1 基于 3D 打印的新产品商业模式

第六章　产品首版制作项目实践

项目(一)：按钮结构件 CNC 首版制作

1. 操作条件

(1) PC 机、CAD/CAM 软件(MasterCAM\Cimatron 等)。

(2) 数控雕刻机。

(3) 丝网印刷设备。

2. 操作内容

(1) 根据给定的结构件三维模型文件,编制刀具加工路径。

(2) 在数控雕刻机上进行实物加工。

(3) 表面处理。

3. 操作要求

完成如图 6.1 和图 6.2 所示的按钮件三维模型文件的实物加工。

(1) 根据给定的结构件三维模型文件,编制刀具加工路径。

阅读三维模型文件,导入相关 CAD/CAM 软件,根据结构件尺寸选择加工刀具,编制刀具加工路径。

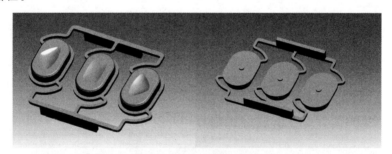

图 6.1　按钮 1 正、反示意图

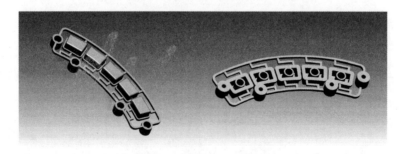

图 6.2　按钮 2 正、反示意图

（2）在数控雕刻机上进行实物加工。

在数控雕刻机上安装刀具和材料，根据编制的刀具加工路径，进行实物加工。

（3）表面处理。

进行工件表面处理，达到表面光洁。

项目（二）：盖板结构件 CNC 首版制作

1. 操作条件

（1）PC 机、CAD/CAM 软件（MasterCAM\Cimatron 等）。

（2）数控雕刻机。

（3）丝网印刷设备。

2. 操作内容

（1）根据给定的结构件三维模型文件，编制刀具加工路径。

（2）在数控雕刻机上进行实物加工。

（3）表面处理。

3. 操作要求

完成如图 6.3 至图 6.5 所示的盖板件三维模型文件的实物加工。

（1）根据给定的结构件三维模型文件，编制刀具加工路径。

阅读三维模型文件，导入相关 CAD/CAM 软件，根据结构件尺寸选择加工刀具，编制刀具加工路径。

（2）在数控雕刻机上进行实物加工。

在数控雕刻机上安装刀具和材料，根据编制的刀具加工路径，进行实物加工。

图 6.3　盖板 1 正、反示意图

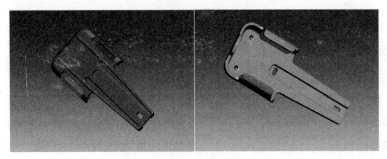

图 6.4　盖板 2 正、反示意图

图 6.5　盖板 3 正、反示意图

（3）表面处理。

进行工件表面处理，达到表面光洁。

项目(三)：3D 打印花瓶

1. 操作条件

PC 机、造型软件(Rhino 等)、3D 打印软件。

2. 操作内容

根据给定的花瓶图(图 6.6)，完成三维建模，并进行 3D 打印，完成花瓶实物制作。（未标明的细节尺寸可自行按比例确定。）

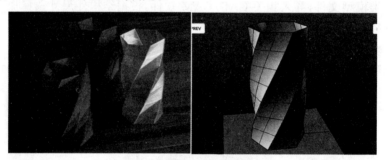

图 6.6　花瓶实物与电脑模型图

3. 操作要求

（1）根据给定的实物图片和电脑模型示意图，建模并转化为 3D 打印格式。

（2）独立正确完成 3D 打印各步骤：模型构建，位置调整，GCode 代码设置，实物打印，后处理。

项目(四)：3D 打印包装盒

1. 操作条件

PC 机、造型软件(Rhino 等)、3D 打印软件。

2. 操作内容

根据给定的包装盒图(图 6.7)，完成三维建模，并进行 3D 打印，完成包装盒实物制作。（未标明的细节尺寸可自行按比例确定。）

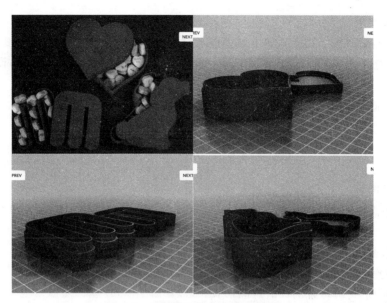

图 6.7　包装盒实物与电脑模型图

3. 操作要求

（1）根据给定的实物图片和电脑模型示意图，建模并转化为 3D 打印格式。

（2）独立正确完成 3D 打印各步骤：模型构建，位置调整，GCode 代码设置，实物打印，后处理。

（3）要求实物尺寸合理，结构装配正确。

项目（五）：3D 打印螺丝与螺母

1. 操作条件

PC 机、造型软件（Rhino 等）、3D 打印软件。

2. 操作内容

根据给定的螺丝与螺母图（图 6.8），完成三维建模，并进行 3D 打印，完成螺丝与螺母实物制作。（未标明的细节尺寸可自行按比例确定。）

图 6.8　3D 打印螺丝与螺母

3. 操作要求

(1) 根据给定的实物图片和电脑模型示意图,建模并转化为 3D 打印格式。

(2) 独立正确完成 3D 打印各步骤:模型构建,位置调整,GCode 代码设置,实物打印,后处理。

(3) 要求实物尺寸合理,结构装配正确。

项目(六):3D 打印创意计时器

1. 操作内容

设计一款钟表类计时产品,类型如图 6.9 所示,完成 STL 格式建模并用 3D 打印技术制作产品实物。

2. 操作要求

(1) 创意:产品外观创新、有未来感。

(2) 突破:打破传统的计时产品形式。

(3) 能用:安装机芯后能实现计时的功能。

图 6.9   钟表类计时产品

项目(七):家居创意产品首版制作

1. 操作内容

设计一种家居类创意产品,完成电脑建模,并用 CAD/CAM 技术或者 3D 打印技术制作产品首版。

2. 操作要求

(1) 创意新颖:产品外形美观、协调、有创新点。

(2) 结构合理:产品尺寸合适,结构正确。

(3) 功能实现:产品首版各部件能组装配合;装配后,能实现功能,供人使用。